I0037857

Abdelhamid Zerroug

Dimension fractale et application médicale

Abdelhamid Zerroug

Dimension fractale et application médicale

Estimation de la dimension fractale introduisant l'intelligence artificiel et son application médicale

Presses Académiques Francophones

Impressum / Mentions légales

Bibliografische Information der Deutschen Nationalbibliothek: Die Deutsche Nationalbibliothek verzeichnet diese Publikation in der Deutschen Nationalbibliografie; detaillierte bibliografische Daten sind im Internet über http://dnb.d-nb.de abrufbar.
Alle in diesem Buch genannten Marken und Produktnamen unterliegen warenzeichen-, marken- oder patentrechtlichem Schutz bzw. sind Warenzeichen oder eingetragene Warenzeichen der jeweiligen Inhaber. Die Wiedergabe von Marken, Produktnamen, Gebrauchsnamen, Handelsnamen, Warenbezeichnungen u.s.w. in diesem Werk berechtigt auch ohne besondere Kennzeichnung nicht zu der Annahme, dass solche Namen im Sinne der Warenzeichen- und Markenschutzgesetzgebung als frei zu betrachten wären und daher von jedermann benutzt werden dürften.

Information bibliographique publiée par la Deutsche Nationalbibliothek: La Deutsche Nationalbibliothek inscrit cette publication à la Deutsche Nationalbibliografie; des données bibliographiques détaillées sont disponibles sur internet à l'adresse http://dnb.d-nb.de.
Toutes marques et noms de produits mentionnés dans ce livre demeurent sous la protection des marques, des marques déposées et des brevets, et sont des marques ou des marques déposées de leurs détenteurs respectifs. L'utilisation des marques, noms de produits, noms communs, noms commerciaux, descriptions de produits, etc, même sans qu'ils soient mentionnés de façon particulière dans ce livre ne signifie en aucune façon que ces noms peuvent être utilisés sans restriction à l'égard de la législation pour la protection des marques et des marques déposées et pourraient donc être utilisés par quiconque.

Coverbild / Photo de couverture: www.ingimage.com

Verlag / Editeur:
Presses Académiques Francophones
ist ein Imprint der / est une marque déposée de
OmniScriptum GmbH & Co. KG
Heinrich-Böcking-Str. 6-8, 66121 Saarbrücken, Deutschland / Allemagne
Email: info@presses-academiques.com

Herstellung: siehe letzte Seite /
Impression: voir la dernière page
ISBN: 978-3-8416-2656-1

Copyright / Droit d'auteur © 2013 OmniScriptum GmbH & Co. KG
Alle Rechte vorbehalten. / Tous droits réservés. Saarbrücken 2013

ESTIMATION DE LA DIMENSION FRACTALE INTRODUISANT L'INTELLIGENCE ARTIFICIEL ET SON APPLICATION MEDICALE.

Sommaire

INTRODUCTION

Je tiens à commencer mon introduction par une citation de Paul Dirac qui disait « *Si une théorie est mathématiquement belle et élégante, il est inconcevable que la nature ne l'utilise pas* » [34] .

Grâce au réveil de la mathématique expérimentale, et à sa floraison, rendues possible par l'ordinateur, **la Géométrie Fractale** a su se passionner pour des problèmes entièrement sortis des mathématiques . Mandelbrot a donc apporté aux mathématiques l'émergence du concept de fractale ; il a rassemblé des éléments épars, correspondant parfois à des cas considérés comme des curiosités mathématiques, ou connus d'un petit nombre de spécialistes (cas des dimensions non topologiques). Le mérite de Mandelbrot fut de faire tous ces rapprochements et de développer un domaine mathématique entièrement nouveau, destiné à décrire la structure d'objets et de phénomènes, naturels ou créés par l'homme. Les courbes fractales, et en particulier les ensembles de Julia sont des outils mathématiques qui possèdent une dimension esthétique non négligeable, bien plus qu'une mode, Les fractales sont un nouveau type de modèle mathématique de la nature. Misner, Thorne, Wheeler [13] pense d'ailleurs que demain personne ne sera considère comme ayant reçu une bonne formation scientifique si elle n'est pas familiarisée avec les fractales.

Les mathématiciens s'étaient occupés de quelques-uns de ces ensembles mais n'avaient construit autour d'eux aucune théorie qui puisse répondre aux questions posées par les biologistes et les physiciens .Le plus ancien était Félix, ensuite vient Hausdorff et Besicovitch.

La dimension de Hausdorff-Besicovitch a joué ultérieurement un rôle capital dans le domaine des fractales. Pour toutes les figures classiques, le calcul de cette dimension aboutit sans surprise aux valeurs 1, 2, 3 bien connues de tous. Mais pour certaines figures, ce nombre n'est pas entier. Enfin le dernier domaine mathématique que j'évoque est celui de l'itération des polynômes complexes, étudié de façon indépendante par Julia (1918) et Fatou (1919). Sauf cas particulier, les ensembles de Julia sont fractals et on peut admirer le fait que Julia et Fatou aient pu en déterminer diverses propriétés.

L'aspect essentiel de la dimension de Hausdorff est qu'elle comporte des passages successifs, à la limite ce qui la rend complètement inutilisable par les biologistes et les physiciens ,car il n'est pas possible de la mesurer. Ce sont d'ailleurs ces passages à la limite qui donnent à la dimension de Hausdorff, la grande généralité que désirent les mathématiciens et reste importante en analyse harmonique .Vu ces limitations très sérieuses elle na jamais joué de rôle centrale dans l'étude des fractales.

Ce qui représente un centre d'intérêt pour la géométrie fractale c'est d'étudier dans un espace métrique des ensembles « rares » de mesure de Lebesgue nulle, ou fractionnées à l'infinie, ou des courbes nulle part différentiables, cette classe d'ensembles que Mendelbrot.B appelle « Fractals » (1967).

D'où l'introduction de la notion de Dimension Fractale : un nombre en général pas entier qui sert a quantifier le degré d'irrégularité et de fragmentation d'un ensemble géométrique ou d'un objet naturel tel les matériaux constituées de plusieurs entitées distinguées comme : les mortiers, les alliages.. et les matériaux constituées d'une seule entitée sous plusieurs états stables ou métastables.

Exemple - Solide /liquide (Métaux dans leurs bain de fusion, ou solution saturée)

           - Solide/Solide   (Polymères ou matériaux syncristallisés)

           - Liquide/gazeux (Aérosols, nuages, agrégats..)

Bien que les exemples d'objets fractales sont nombreux dans la nature, leurs formes peuvent être appréhendées grâce à la géométrie fractale, les modèles mathématiques sont rares , mais leurs meilleures représentations mathématiques sont des ensembles fractales. Peu de travaux en biométrie ont utilisés la géométrie fractale. Parmi ces travaux on peut citer : l'évolution des dimensions fractales des plantes plus ou moins homothétiques des branchements caractéristiques de leurs structures ,(Rigaut [34]), l'étude du caractère fractal des arbres peut se révéler utile en pratique notamment en écologie (Loehle [25] , Scheuring [39]) ,les formes des fleurs sont bien initiées par ordinateur avec un model fractal , ainsi que la convolution du cerveau et la physiologie de la circulation capillaire sanguine peuvent mieux être comprises par la géométrie fractale (Mandelbrot [30]) .

Une des caractéristiques des tumeurs cancéreuses est l'extrême irrégularité de leurs frontières entre la masse tumorale et les tissus environnants. Cette texture est un précieux indicateur pronostique de l'invasion tumorale.

Nous aborderons ici la biométrie des tissus cancérigènes examinés au microscope ou simulés.

L'objet principal de notre travail est la simulation de la croissance hétérogène des tumeurs cancéreuses (c'est a dire que la croissance des tumeurs se fait a partir de différents type de cellules cancéreuses) et l'analyse de l'aspect de leurs textures.

Il est difficile de classer les critères de similitude entre les tumeurs. Un pathologiste est en mesure de comparer de manière efficace des formes irrégulières ou des noyaux de cellules par inspection visuelle, mais cela est moins efficace pour apprécier le degré d'irrégularité d'un tissu qui peut être utilisé pour étudier et classer ce type de tumeurs en fonction de leurs géométries et de leurs dynamiques.

Le contour est une indication précieuse du comportement dynamique de la tumeur.

C'est ainsi que les cancérologues nous ont posé le problème : trouver un outil mathématique afin de *quantifier l'irrégularité* des tumeurs cancéreuses. Ceci les aide énormément les à donner des diagnostics afin d'évaluer les traitements émis a leurs patients Gatenby , [18] .

Introduit par B. Mandelbrot (1967), la dimension fractale est un outil mathématique qui n'à cessé de s'améliorer par le travail d'éminents mathématiciens tels :, Flook [17], ,E.R Weibel [44] , Schwartz et Exener [37] .

On a voulu mettre au point de nouvelles méthodes d'estimation de la dimension fractale qui se rapproche au mieux de la dimension théorique car les méthodes qui existent actuellement ne diffèrent entre eux que par l'outil de recouvrement qu'elles utilisent, et ne recèlent nullement la notion optimale de l'outil de recouvrement. En vérité plus on minimise cet outil de recouvrement plus on se rapproche de la dimension théorique des tumeurs étudiées, c'est pour cela que les méthodes qu'on introduit intègrent la notion *d'intelligence artificielle* afin de mettre en avant cette notion d'optimalité.

Cet outil mathématique dont les biologistes ont besoin, nous à demandé pour ca mise au point plus de 16000 échantillons de tumeurs cancéreuses pour son estimation.

Or 16000 échantillons de tumeurs cancéreuses soient de culture ou réelles posent un vrai problème pour leurs acquisition .Donc pour gagner du temps et de l'argent on a simulé la croissance des tumeurs cancéreuses hétérogènes en utilisant entre autre les chaînes de Markov.

Plusieurs méthodes ont été proposées pour simuler la croissance tumorale telle utilisée par l'approche d'automates cellulaires (Alarcon,et Byrne, [2] , Araujo et Mc Elwain [4]) mais les hypothèses du processus de croissance sont trop limitatives. Les modèles que nous avons mis au point sont basées sur l'hypothèse que la tumeur commence comme une seule cellule mère, qui se développe progressivement pour former un agrégat de cellules filles. Chaque cellule fille de la tumeur pourrait être liée à la cellule mère par influence limitrophe . Les mécanismes de croissance ont été réalisés par des chaines de Markov. Pour simuler une tumeur épithéliale monocouche, nous avons utilisé une grille plane. Pour caractériser la forme d'amas cellulaires compacts, nous proposons de nouveaux algorithmes, qui génèrent des modèles de croissance qui ont une capacité de produire une frontière d'irrégularité similaire à celle des tumeurs cancéreuses et estimer leurs dimensions fractales.

La deuxième partie de ce travail qui est la primordiale est la mise aux point de nouvelles méthodes d'estimation de la dimension fractale l'outil mathématique demandé par les cancérologues.

CHAPITRE I

MODELES DE CROISSANCE DES TUMEURS CANEREUSES HETEROGENES AVEC LES CHAINES MARKOVIENS

CHAPITRE I.

MODELES DE CROISSANCE DES TUMEURS CANEREUSES HETEROGENES AVEC LES CHAINES MARKOVIENS.

INTRODUCTION.

Lors de l'établissement du diagnostic et du pronostic en cancérologie, l'interprétation de l'aspect extérieur de la tumeur joue in rôle important, parfois même décisif.

Pour caractériser cet aspect, l'impression visuelle est très riche sur le plan qualitative, mais ses enseignements sont subjectifs et donc entachés d'une marge d'erreur diagnostique importante [29] . L'analyse d'image permet d'extraire des éléments objectifs quantitatifs, comme les paramètres de forme ou de texture [9,40], mais il est souvent difficile de les interpréter.

La simulation de l'aspect visuel des tumeurs cancéreuses devrait permettre, à terme, une approche de l'anatomopathologiste en quantifiant ses impressions visuelles.

L'utilisation des techniques de reconnaissance de formes devrait alors permettre l'amélioration de modèles visuels à des fins diagnostiques et pronostiques.

La modélisation qu'on a mise au point se fait à l'aide d'un langage formel permettant de spécifier les processus de formation et l'évolution aléatoire des structures cancérigènes à l'aide, entre autre, des chaînes markoviennes. Les modèles établis présentent deux types de paramètres : algorithmique qualifiant la structure, et scalaire permettant de quantifier les aspects modélisés.

Diverses tentatives ont été faites pour construire un modèle mathématique qui décrit la croissance tumorale [14,9], mais les hypothèses sont trop limitatives. La croissance du processus dominée par la diffusion de surface et les dépôts ont été décrites dans certains modèles [3.4]

9

I.2 Formulation des modèles.

I.2.1 Premier modèle.

La monocouche épithéliale pourrait être représentée par une matrice carrée plane A (m*n) dont les éléments A_{ij} correspondent aux cellules C_{ij}. Chaque cellule est reliée par l'influence des 4 voisins, qui définissent ses différents états, l'éventuelle transformation d'un type à l'autre et l'interaction avec ses voisines.

Au départ, tous les éléments de la matrice A sont égaux à 0, sauf un, qui est défini comme étant égal à 1 dans n'importe quelle position. Ce premier élément de cellule malade IC correspond à la cellule mère engagée dans un processus cancéreux.

D'une cellule malade IC, nous générons un processus qui consiste à visiter les cellules saines dans les quatre directions: à gauche, à droite, en haut, vers le bas (Fig. 1). Comme le montre la Fig. 2, nous numérisons les lignes et les colonnes dans l'ordre (1), (2), (3), (4) et de balayage chaque fois qu'une IC est rencontré.

Trois cas peuvent se produire: la cellule saine HC visitée est une cellule entourée par 1,2 ou 3 cellules malades dans ces directions. Par conséquent, nous présentons les probabilités γ, β, α ; ou α (resp β) ,(resp γ) , la probabilité pour que HC tombe malade quand elle est entouré par un (deux) (ou trois) cellule(s) malade(s) . (HC ne peut pas être entourée de quatre cellules malades).

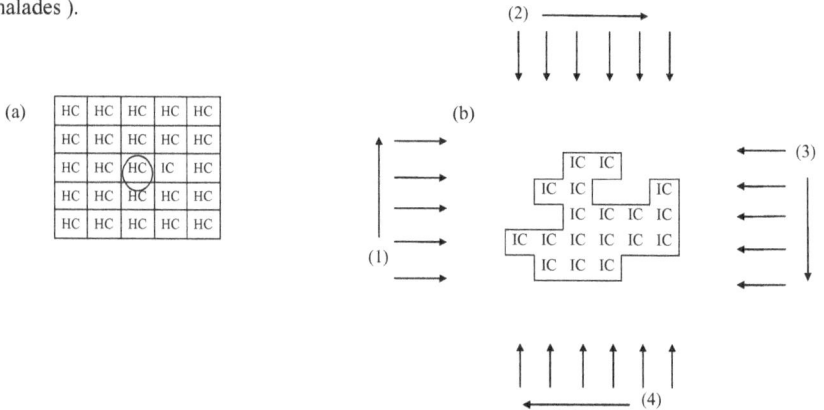

Fig.1.1 (a) de la configuration initiale et les premiers balayage
(b) Ordonner des colonnes et des lignes de balayage
(Tous les éléments sont nuls sauf un égal à 1)

L'idée de base de ce modèle, est qu'on ne visite que les cellules qui ont une projection orthogonale sur les côtés.

Comme, à l'état initial du processus on n'a qu'une seule cellule malade, donc il y aura quatre sites à visiter : Soit A (i , j) = 1   la 1ere cellule malade.

Alors les quatre cellules à visiter sont :

A (i + 1, j) ; A (i − 1 , j)
A (i , j + 1) ; A (i , j - 1)

Une remarque s'impose : à chaque fois qu'une rotation est établie (c'est à dire parcourir 1 ;2 ;3 et 4) voir Fig1.1 on augmente de deux pixels chaque coté , afin de visiter tout le bord de la tache à la rotation suivante .

A chaque visite d'un site qui est naturellement une cellule saine, trois situations se présentent : d'ou l'introduction de trois probabilités :

Pr (C soit malade /entourée de 3 C malades) = γ

Pr (C soit malade /entourée de 2 C malades) = β

Pr (C soit malade /entourée d'une C malade) = α

Puis on tire une variable aléatoire Y = RND(1) , ainsi on aura trois possibilités :

1er Cas.
Si γ ∈ [0,Y] alors   A(i,j) = 1 « c'est à ,dire que la C sera malade »

Si non A(i,j) = 0 .

2eme Cas.

Si β ε [0, Y] alors   A(i , j) = 1
Si non A(i , j) = 0 .

3eme Cas.

Si α ε [0 , Y]   alors A(i , j) = 1
Si non   A(i , j) = 0 .

Remarque :

A_{ij} est fixée à 1 lorsque le modèle est de type homogène (c'est a dire que la tumeur simulé est formée d'un seul type de cellule cancéreuse) mais A_{ij} prend les valeurs 1, 2, 3 ou plus, lorsque le modèle de cellules malades est de type hétérogène (c'est a dire que la tumeur simulée est formée de plusieurs type de cellule cancéreuse) .

Simulation selon le modèle 1 .

Étape 1 de simulation en fonction des probabilités $\alpha = 0,75$ $\gamma = 0,55$, $\beta = 0,50$
Etape 2 Textures de la tumeur
Étape 3 Recouvrement de la frontière par le plus petit nombre des carrés (de façon minimal)

| Étape 1 | Étape 2 | Étape 3 |

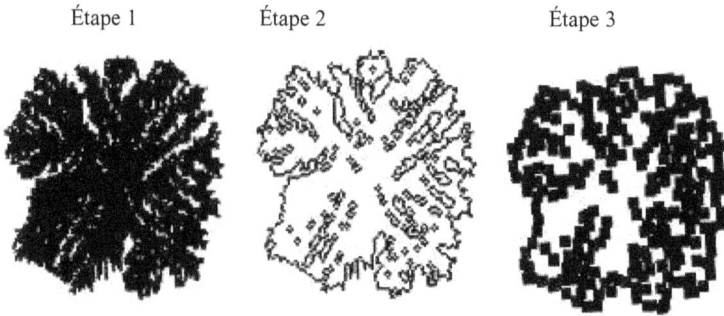

Fig. I.2 :

Pour le logiciel de ce modèle voir annexe A.

I.2.2. 2ème **Modèle.**

Ce deuxième modèle consiste à générer un processus ayant pour but de visiter tous les cellules l'état sain (état zéro) qui sont juste limitrophes avec le bord de la tache .

Avec ce modèle on a   donc loin d'approcher des taches cancéreuses réelles .

exemple

I.2.3. 3ème Modèle .

Ce dernier modèle est identique au 1er sauf qu'on introduit la contrainte suivante :

Chaque site ne sera visité qu'une seul fois, si après test il reste à l'état sain , il ne ferait plus l'objet d'une autre visite .

Ainsi on à introduit un artifice de pointage , qui au lieu de laisser le site $A(i,j) = 0$ on le porte au niveau 2 afin d'éviter de le tester une seconde fois .

A la fin de la simulation tous les sites au niveau 2 seront portés à l'état initial.

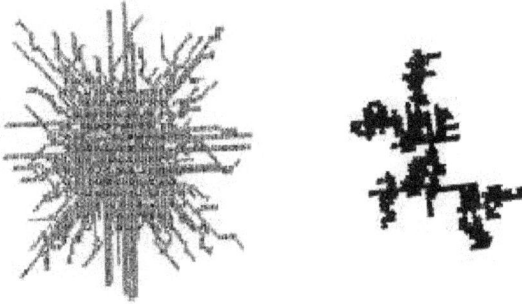

Fig. I.3 (Simulation selon le modèle 3)
Étape 1 de simulation en fonction de probabilités $\alpha = 0,40,\ \gamma = 0,60,\ \beta = 0,80$
Étape 2 image après traitement

Fig. I.4 (Simulation selon le modèle 3)
Étape 1 de simulation en fonction de probabilités $\alpha = 0,70,\ \gamma = 0,50,\ \beta = 0,60$
Étape 2 image après traitement

I.3. SIMULATION DES TUMEURS CANCEREUSES HETEROGENES.

Vu que dans la réalité les tumeurs cancéreuses sont généralement formées de plusieurs types de cellules cancéreuses, alors dans ce paragraphe on propose trois types de cellules cancéreuses différentes C/c_1 ; C/c_2 et C/c_3 .
Cette hétérogénéité reflète mieux la réalité des tumeurs cancéreuses au milieu hospitalier.

Pour cela le processus de l'évolution de la tumeur reste le même jusqu'à l'étape ou le résultat

du test probabilistique est que la cellule test devienne malade :

Alors trois possibilités peuvent se présenter.

La cellule test est entourée par une, deux ou trois cellules malades.

Suivant chaque cas la cellule test prend la nature de la cellule du nombre supérieur à celle ci (Sup C/ci) $i =1,2,3$, ce qui entraîne 19 cas de figures à étudier pour chaque test .

Organigramme de la simulation des tumeurs cancéreuses Hétérogènes.

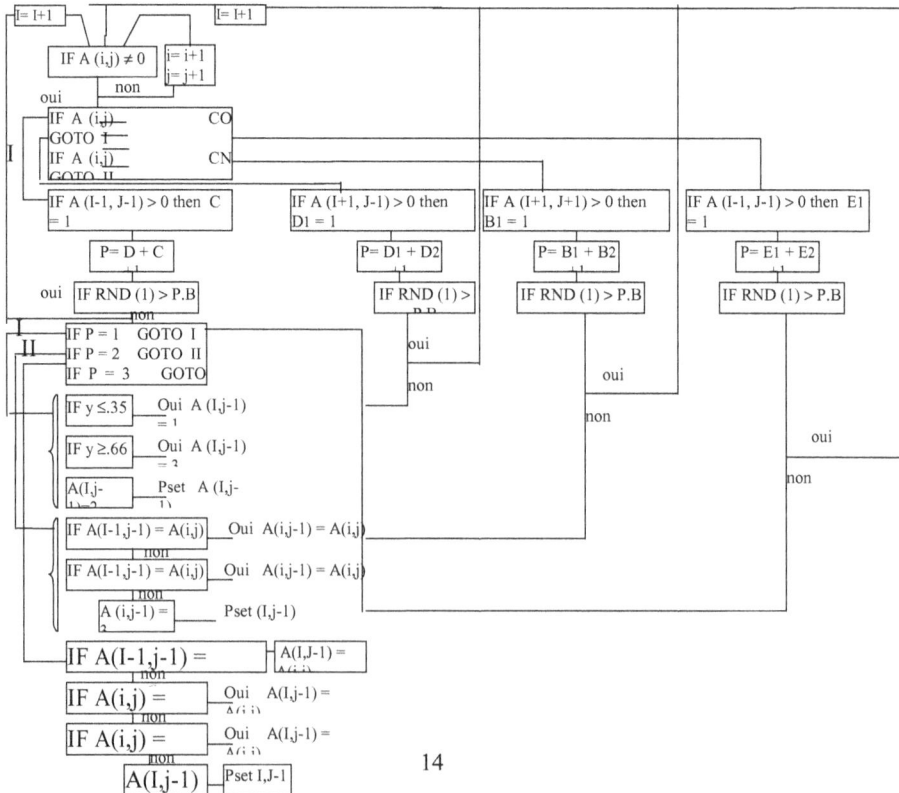

14

I.4. SIMULATION EN UTILISSANT LES CHAMPS MARKOVIENS

Considérons une région "S" plane partagée en (n * m) petits carrés appelés : pixels, qui sont localisés par les couples (i , j) où : i = 1 , . . ., n et j = 1 ,. . . .,m

METHODOLOGIE

Soit X un champ de MARKOV, ayant une valeur dans un ensemble d'états E, défini sur l'ensemble des sites S.
Dans notre cas, E = { 0 , 1 }et S = { 1 , 2 ,. . . ., n * m }

$$\text{Soit } X = \begin{pmatrix} x11 \ . \ . \ . \ . \ x1n \\ x21 \ . \ . \ . \ . \ .. \ x2n \\ \vdots \qquad \vdots \\ \vdots \qquad \vdots \\ xm1 \ . \ . \ . \ . \ .. \ xnm \end{pmatrix}$$

Une configuration initiale.

xi j = l'état du pixel A (i , j).

d'où Ω = n*m l'ensemble de toute les configurations dont les éléments appartiennent à { 0 ,1 }.

Le passage d'une configuration X à une autre X* est réalisé à partir d'un champ markovien à dépendance locale de densité P (x), où P (x) représente la distribution à priori de X*.

I.4.1. Définition.

On dit qu'un champ markovien est à dépendance locale si l'état que prend le pixel A (i ,j), dépend uniquement de l'état des pixels voisins de A (i , j).

C'est à dire : $P (x_{i,j} / x_m / (i,j)) = P (x_{i,j} / x_d (i,j))$

où $x_m / (i,j)$ = représente l'état de tous les pixels autres que A (i , j)

et x (i , j) = est l'ensemble des voisins locaux de A (i , j)

Champ markovien du 1er ordre est présenté par :

J (i , j) = les quatre plus proches voisins de A (i , j)

	V_1	
V_4	(i,j)	V_2
	V_3	

Champ markovien du 2er ordre est présenté par :

$$J (i , j) = \text{les huit plus proches voisins de A (i , j)}$$

V_1	V_2	V_3
V_4	(i,j)	V_5
V_6	V_7	V_8

Si on considère deux réalisations qui ne diffèrent qu'au niveau du pixel A (i , j), on trouve que la probabilité conditionnelle que l'état K apparaît en (i , j) (le reste étant donné), par :

$$P_{i,j}(K/\ldots) \exp(\alpha_k + \sum_{k,l} B_{k,l}, U_{i,j}(1)) \qquad (1)$$
$$\text{ou } B_{k,l} = B_{l,k}$$

Les α_k et $B_{k,l}$ sont des paramètres attribués aux états K.

$U_{i,j}(1)$ = nombre de voisin de A(i , j) ayant l'état « 1 »

La donnée de deux états { 0 , 1 } (c'est à dire sain et malade) qui se présentent dans notre cas, ceci implique qu'on est en face d'une situation où les états sont désordonnés donc notre modèle est obtenu en posant:

$$B_{k,l} = B \qquad \forall k,l$$

D'où (1) devient $P_{i,j}(K/\ldots) \exp(\alpha_k + B, U_{i,j}(K))$

I.4.2. Algorithme.

1er) On attribue une configuration initiale X.

2éme) Visite aléatoire de tous les sites S.

16

3éme) Calcul sur chaque site visité du nombre de voisins de même état, et d'état différent.

4éme) Calcul des probabilités de chaque état "K" afin qu'il apparaisse en (i , j) en utilisant (1)

5éme) Extraire une variable aléatoire Y et établir un test pour chaque état "K" :

si $Y \leq P(x)$ le pixel prend l'état K sinon c'est le deuxième état qui sera choisi.

6éme) Retour

L'algorithme présenté est mis au point sans se soucier du modèle qu'on cherche à mettre au point (tumeur cancéreuse), mais on s'est rendu compte que celui-ci ne reflète pas exactement l'image d'une tâche cancéreuse. C'est pour cette raison qu'on a changé le mode de visite des sites, ce qui nous a incité à mettre au point quatre modes de visites.

1er mode de visite   : La visite se fait aléatoirement.

2éme mode de visite : Visite colonne par colonne.

3éme mode de visite : La visite se fait en projection orthogonale, sur l'image tout en faisant une spirale sortante.

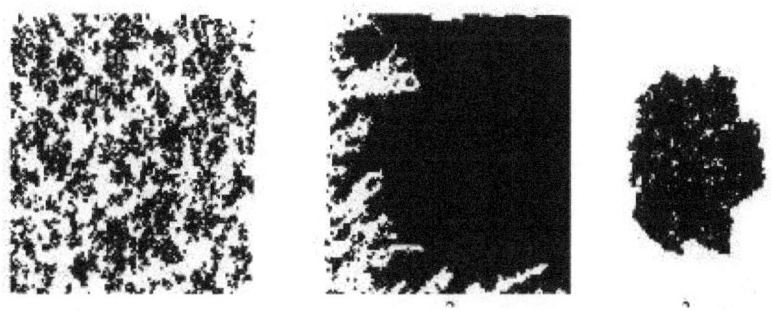

Simulation suivant le 1er mode de visite

Simulation suivant le 2ème mode de visite

Simulation suivant le 3ème mode de visite

Figure I.5 : modèle Markovien:
Simulation(1), du 1er mode de visite avec B (0) = 0,40 et B (1) = 1,49. (Dim Fractal = 1,503).
    Ce modèle reflète le "processus d'agrégation".
Simulation (2), du 2ème mode de visite avec B (0) = 0,385 et B (1) = 0,5.
(Dim Fractal = 1,271).
    Ce modèle reflète la "côte maritimes"

Simulation (3) , du 3e mode de visite avec B (0) = 0,31 et B (1) = 0,40

        Ce modèle reflète les "tumeurs cancéreuses du type : cancers de cultures (Fractal Dim. = 1.18).

Remarque : B(0) ; c'est la probabilité attribuée a l'état 0 (cellule saine)

        B(1) : c'est la probabilité attribuée a l'état 1 (cellule malade)

Le calcule de la dimension fractal a été faite par les méthodes que nous avons élaboré, voir chapitre 5.

MESURES ET DIMENSIONS

CHAPITRE II

MESURES ET DIMENSIONS.

II.1. Dimension de HAUSDORFF, (du contenu)

Parmi les nombreuses définitions de la dimension fractionnaire, la première est celle proposée par Hausdorff en 1919. Cette définition appelée aussi "Dimension du CONTENU" ; [35] est applicable à n'importe quelle forme, pas nécessairement aux objets à homothétie interne.

Soit Ω un espace métrique, pour $\sigma \in \Omega$, on désigne par B (σ,r) la boule fermée de centre σ et de rayon r.

Soit Φ un ensemble dans Ω, dont le support est borné. Il est possible d'évaluer Φ, au moyen d'un ensemble fini de boules de Ω, tel que :

$\forall \sigma \in \Phi$ il existe au moins une boule B_m tel que $\sigma \in B_m$

Soient r_m leurs rayons.

Dans un espace euclidien de dimension d = 1 le contenu d'une boule de rayon r est 2r et si d = 2 le contenu sera $\pi.r^2$, en général dans un espace euclidien R^n, contenant Φ il est possible d'approximer Φ en utilisant un ensemble fini de boule B_m de rayon r_m , ces boules sont définies dans un espace de dimension d $\leq$ n, le contenu de chaque boule B_m est défini par l'expression :

$$\beta (d) . r^d \quad \text{tel que :}$$
$$\beta (d) = [\ \Gamma (1/2) \ ]^d \ \Gamma (1+d/2).$$

où   r : le rayon de la boule

        d : la dimension de l'espace dans lequel la boule est définie.

        Γ : la fonction gamma.

        $\beta (d)$: le contenu de la boule de rayon r de l'espace.

A partir de ceci on peut constituer une approximation de Φ du point de vue de la dimension d, qui sera : $\beta (d) \sum_{i=1}^{m} (r_i)^d$.

Afin de rendre cette approximation intrinsèque on procède en deux étapes.

II.1.1. Définition : Soit Φ un ensemble dans Ω, si $\Phi \neq \varnothing$, on définit le diamètre de Φ par :

Diam $(\Phi) = |\Phi| = \sup \{ \Delta (x, y) / x, y \in \Phi \}$

où Δ est une distance dans Ω.

II.1.2. Définition :

Soit Φ un ensemble dans Ω, si $\Phi \subset \cup (Ui)$ et si $0 < |Ui| < \partial$, $\forall i$, on dit que $\{ Ui \}$ est un ∂ - recouvrement de Φ.

1ere étape :

Cette première étape consiste à fixer un rayon maximal « r » , et on considère tous les recouvrements de Φ tels que $r_m < r$. L'approximation sera dite plus « économique », plus elle se rapproche de la limite inférieure de :

Inf $[\beta (d). \sum_{i=1}^{m} (r_i)^d]$

$r_m < r$

2ème étape :

Elle consiste à faire tendre $r \rightarrow 0$

Ceci fait que la contrainte imposée aux r_m devient de plus en plus stricte, donc l'expression :

$\beta (d) \lim \inf \sum (r_m)^d$ est déterminée.

$$r \rightarrow 0 \qquad r_m < r$$

d'où l'introduction de la définition de la dimension de Hausdorff

II.1.3. Définition :

La dimension de Hausdorff de Φ, est donnée par :

Dim H$(\Phi) = \inf \{ d > 0 ; \mu_H^d (\Phi) = 0 \}$.

où

$$\mu_H^d (\Phi) = \lim \mu_{H,r}^d (\Phi) \quad \text{quand} \quad r \rightarrow 0$$

et

$$\mu_{H,r}^d (\Phi) = \inf \sum_{i=1}^{m} r_i^{\ d}$$

où l'inf est pris sur tout les recouvrements de Φ par des boules de rayons $r_m < r$

On démontre enfin qu'il existe une valeur Dc de d tel que,

si d < Dc, alors $\beta(d) \lim \inf \sum_{i=1}^{m} r_i^{\ d} = \infty$

$$r \rightarrow 0 \qquad r_m < r$$

si d > Dc, alors $\beta(d) \lim \inf \sum_{i=1}^{m} r_i^{\ d} = 0$

$$r \rightarrow 0 \qquad r_m < r$$

Pour plus de détails, on peut se référer à l'ouvrage de Rogers [33] .

II.2. Dimension de PONTRJAGIN

Soit E un compact dans un espace métrique.

Parmi tous les recouvrements de E par des boules de diamètres identiques η, on retient celui qui en nécessite le plus petit nombre N_η (E) , on définit alors la mesure μ_α par

$$\mu_\alpha(E) = \overline{\lim_{\eta \longrightarrow 0}} \eta^\alpha N_\eta(E)$$

et la dimension de Pontrjagin par

$$\dim (E) = \overline{\lim_{\eta \longrightarrow 0}} \frac{Log\ N_\eta\ (E)}{Log\ 1/\eta}$$

Cette définition est due à PONTRJAGIN l. et SCHIRELMAN l. [22].

II.3. Dimension d'homothétie DH.

Ce concept de dimension a été introduit car il nous donne exactement la dimension théorique des courbes à homothéties internes et permet donc de comparer les différentes méthodes proposées.

Une différence importante entre la dimension d'homothétie et la dimension de Hausdorff , c'est que cette dernière s'applique à des figures géométriques générales, par contre la dimension d'homothétie ne s'applique qu'a des figures à homothétie interne, a titre d'exemple : la courbe de Peano, et celle de Von Koch [27].

D'autre part, la dimension d'homothétie n'est pas une grandeur à estimer empiriquement, mais une constante mathématique qu'on détermine aisément comme suit.

Le procédé part d'une propriété élémentaire qui caractérise le concept de la dimension euclidienne dans le cas d'objets géométrique simples à homothétie interne .Si on transforme une droite par homothétie de rapport K , dont le centre lui appartient , on retrouve la même droite , de même pour tout plan et pour l'espace euclidien .

Comme la dimension euclidienne d'une droite est égale 1 ,alors quel que soit l'entier R le segment de droite $0 \le x < X$ peut être pavé exactement par $N = R$ segments semi-ouverts de la forme : (k-1) X/R $\le$ x $\le$ (kX) /R où k est compris entre 1 et R, tel que chaque point étant recouvert qu'une seule fois. Toute partie se déduit du segment initial par une homothétie de rapport KN = 1/R.

De même, comme un plan à la dimension euclidienne $D_E = 2$, il s'ensuit que quel que soit R le "contenu" constitué par le rectangle $0 \leq x < X$; $0 \leq y < Y$ peut être pavé par exactement $N = R^2$ rectangle de la forme :

$$(k-1) X/R \leq x < kX/R \text{ et } (h-1) Y \leq y < hY/R.$$

tel que h et k vont de 1 à R. De même chaque partie se déduit du rectangle initial par une homothétie $K_N = 1/R = 1/N^{1/2}$. Par le même raisonnement et pour un parallélépipède rectangle $K_N = 1/N^{1/3}$. Donc comme on peut définir des espaces euclidiens de dimension D>3, alors $K_N = 1/N^{1/D}$.

Dans tout les cas simples, tels que "droite, carré, cube , ..." la dimension étant bien sur un entier, on a :

$$Log (K_N) = Log (1/N^{1/D})$$

$$D'où : D = Log (N) / Log (1/K).$$

1er) Si on fait subir au segment [A,B] une homothétie de centre o et de rapport 3 par exemple, on obtient un nouveau segment [A',B'] dont la mesure vaut trois fois la mesure de [A,B].

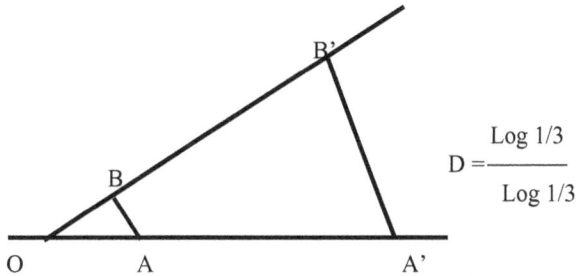

$$D = \frac{Log \; 1/3}{Log \; 1/3}$$

De même si on fait subir à un carré une homothétie de rapport ¼ , on obtient un carré dont la mesure est seize fois moindre.

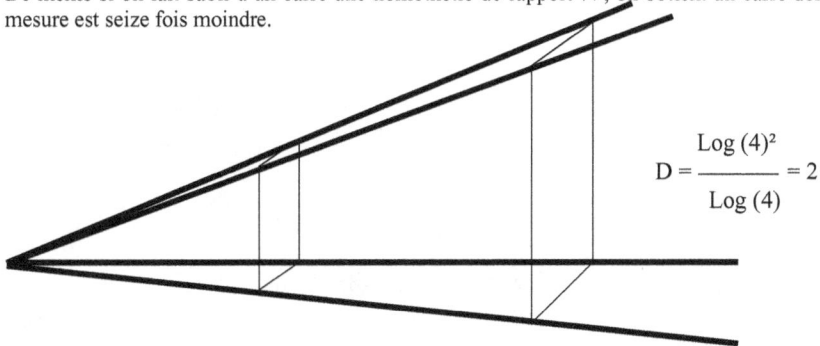

$$D = \frac{Log \; (4)^2}{Log \; (4)} = 2$$

On va généraliser l'égalité (2.I) autre que sur des courbes classiques. On observe que l'expression de la dimension en tant qu'exposant d'homothétie continue d'avoir un sens pour toute figure qui n'est ni un segment ni un carré, mais qui restent décomposable en N parties qui en sont déduites par homothétie de rapport K suivie d'un déplacement ou d'une symétrie, telles que la courbe de Peano ou les courbes de Von koch.

Ceci montre que le concept de la dimension d'homothétie va au delà des formes habituelles , et que la dimension ainsi obtenue n'est pas forcement un entier .

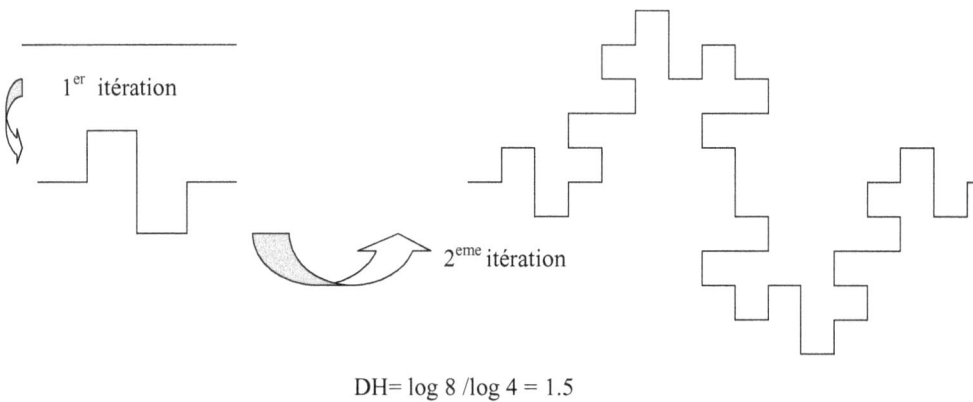

$$DH = \log 8 / \log 4 = 1.5$$

B)

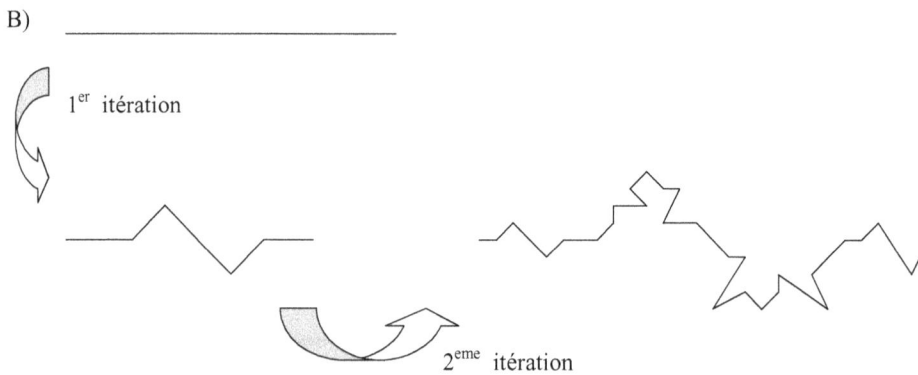

$$DH = \log 6 / \log 4 \cong 1.29$$

24

II.4. Méthode de recouvrement de Mandelbrot-Ridchardson.

Il est certain qu'on ne peut pas mesurer exactement la longueur d'une portion de côte. Cette tache est d'autant plus difficile que la côte est irrégulière et découpée. Il faut donc trouver le moyen de l'approcher le mieux possible. Voici comment on peut procéder. On promène sur la côte un compas d'ouverture η, chaque pas commençant où le précédent finit. La côte est donc remplacée par une autre, régularisée, qui est une ligne brisée dont tous les segments sont de longueur η. Plus η est petit, mieux elle " colle " à la côte, puisqu'on peut alors prendre en compte un plus grand nombre d'irrégularités. Donc, plus η est petit plus la longueur approchée $L (\eta)$ est grande.

Un autre moyen de " régulariser " la côte consiste à considérer tous les points situés à une distance inférieure ou égale à η, ce qui revient à la recouvrir par un ruban de largeur 2η. On mesure alors la surface de ce ruban que l'on divise par 2η pour obtenir la longueur de la côte.

On peut aussi recouvrir la côte par des cercles de rayons au plus égaux à η. On voit donc que le choix de la méthode de mesure se résume aux choix du recouvrement de la côte. Ceci se retrouvera à travers différentes définitions mathématiques de dimensions liées aux type de recouvrement choisis. Si on imagine un instant pouvoir faire tendre η vers 0, c'est-à-dire obtenir en principe une approximation optimale, on voit que la longueur devient infinie.

Nous reviendrons longuement sur ce paradoxe et ses implications physiques au chapitre suivant. Cependant, nous devons conclure que les méthodes classiques pour évaluer une longueur se révèlent inadaptées dés que l'on veut une bonne approximation.

Richardson. (1961) a recherché à contourner cette difficulté. Evaluant par l'une quelconque des méthodes décrites ci-dessus, la longueur $L (\eta)$ correspondante au paramètre de mesure η, il reporte sur un graphique " bi logarithmique " les valeurs de η et $L (\eta)$. Ceci lui permet de montrer que lorsque η devient assez petit, $L (\eta)$ est proportionnelle à η^{1-D} où D est un coefficient lu sur le graphique. Le même procédé recommencé pour différentes côtes donne la même loi avec D caractéristique de chaque côte (en réalité, caractéristique de chaque portion de côte).

25

Bien qu'historiquement, Richardson n'ait pas interprété le coefficient D comme une dimension, il est tentant de rapprocher ses travaux de la mesure de Hausdorff. En termes de limite le résultat de Richardson s'écrit :

$$\lim_{\eta \to 0} L(\eta)\ \eta^{D-1} = 1$$

Si on suppose que dans le recouvrement choisi, le pas est uniforme, s'il s'agit par exemple de boule de même diamètre η, alors $L(\eta) = N\eta$ où N est le nombre de boule. On a donc :

$$\lim_{\eta \to 0} N\ \eta^{D} = 1$$

1 représenterait alors la mesure de Hausdorff pour un recouvrement de boules de rayons identiques et D s'interpréterait comme la dimension de Hausdorff.

On voit qu'en fait ceci est une formulation très simplifiée de la mesure de Hausdorff. Si on veut relier le calcul de Richardson aux notions mathématiques, ca sera plus délicat. En effet, même pour des recouvrements uniformes, à chaque pas η , il existe plusieurs recouvrements possibles. C'est donc à une autre définition que feront appel en général les calculs pratiques.

CHAPITRE III

INTRODUCTION A LA DIMENSION FRACTALE

CHAPITRE III

INTRODUCTION A LA DIMENSION FRACTALE

La notion de la dimension fractale a été introduite par BENOIT MENDELBROT en 1967. Un objet fractal possède des aspérités à toutes les échelles de longueur, qu'on l'observe au point de vue microscopique ou macroscopique, il ne présente jamais de contours lisses.

La théorie des fractales introduit un nombre : la (dimension fractale) en général non entier, ce nombre est utile pour caractériser la complexité de l'irrégularité du contour des objets étudiés : par exemple :

- Les profils des particules projetées.
- En biologie : on cite l'exemple des alvéoles pulmonaires, les taches cancéreuses (qui est l'objet de notre étude), la circulation capillaire sanguine.

Mandelbrot propose une variété d'applications : en biologie, en science des matériaux, en géostatistique… . [30].

III. 1. Définitions et Propriétés.

III. 1.1 Définition : Soient Ω un espace métrique et un sous ensemble de Ω.

On définit la dimension fractale de Φ, dimF (Φ), par :

$$\dim_F (\Phi) = \inf \{d > 0 : \mu_F (\Phi) = 0 \},$$

où

$$\mu_F (\Phi) = \lim \text{Sup} (r_\gamma^d N\Phi(r)),$$

$$\gamma \to 0$$

$N\Phi$ (r) étant le nombre minimum de boules de rayon r nécessaires au recouvrement de Φ.

III. 1.2. Lemme :

La dimension fractale de Φ est toujours plus grande que sa dimension de Hausdorff, c'est à dire : dimF (Φ) $\geq$ dimH (Φ)

Démonstration :

$$\mu_{H,r}^d = \inf (\sum (r_i)^d) \text{ sur tout les recouvrements de } \Phi \text{ ou}$$

$$r_i \in [0,r[.$$

On démontre d'abord que Lim $(\mu_{H,r})$ existe.

$$r \rightarrow 0$$

Soient deux rayon r_1 et r_2 quelconque tels que $r_1 < r_2$.

$$\mu_{H,r1}^d = \inf \sum (r_i)^d$$

$$r_i \in [0, r_1[$$

et

$$\mu_{H,r2}^d = \inf \sum (r_i)^d$$

$$ri \in [0, r_2[$$

comme $[0, r1[< [0, r2[$

$$\Rightarrow \mu_{H,r2}^d \le \mu_{H,r1}^d \text{ donc la suite est décroissante}$$

$$\Rightarrow \mu_H^d = \lim \mu_{H,r}^d \text{existe} : (1).$$

$$r \rightarrow 0$$

D'autre part $\mu_{H,r}^d = \inf \sum (r_i)^d$, comme l'inf est pris sur tous les recouvrements de Φ :

$$\Rightarrow \mu_{H,r}^d \le \lim \sup r_d N \Phi (r).$$

$$\Rightarrow \lim \sup \mu_{H,r} \le \lim \sup r_d N \Phi (r).$$

$$r \rightarrow 0 \qquad r \rightarrow 0$$

D'après (1)
$$\Rightarrow \lim \mu_{H,r}^d \le \lim \sup r_d N \Phi (r).$$

$$r \rightarrow 0 \qquad r \rightarrow 0$$

$$\Rightarrow \mu_{H,r} (\Phi) \le \mu_f^d (\Phi) \qquad : (2).$$

D'après (2)
$$\{d > 0, \mu_h^d (\Phi) = 0\} > \{d > 0, \mu_f^d (\Phi) = 0\}$$

$$\Rightarrow \inf \{d > 0, \mu_h^d (\Phi) = 0\} \le \inf \{d > 0, \mu_f^d (\Phi) = 0\}$$

$$\Rightarrow \dim H (\Phi) \le \dim F (\Phi)$$

Remarque.

On peut même construire des ensembles dont la dimension de Hausdorff est finie par contre leurs dimensions fractales sont infinies [42].

Comme le nombre minimum de boules de rayons r : $N_{\Phi(r)}$ nécessaires au recouvrement de Φ ne peut être déterminé exactement (théoriquement), d'où la naissance de plusieurs méthodes qui

29

approchent le plus possible le nombre $N_{\Phi\,(r)}$, qu'on exposera ultérieurement, et c'est dans ce cadre que notre recherche se situe.

III.2 . Variation du périmètre en fonction de la résolution .

III.2.1 . Définition

On appelle résolution dans le cas du traitement d'image, ou plus exactement dans le cas de la détermination de la dimension fractale, le pas avec lequel on estime les longueurs des profils d'objets dont on veut déterminer la dimension.

Exemples:

Méthode de Richardson : La résolution c'est le pas de compas.

Méthode de Minkowski : La résolution c'est le diamètre des cercles qui constituent le ruban dans lequel siège le bord de l'objet étudié.

Weibel : (Formules stéreologiques) : La résolution c'est l'écart des grilles tests.

Remarque : Suivant les différentes méthodes utilisées la résolution diffère d'une méthode à l'autre :

III.2.2 . Définition :

On définit le diamètre de Féret de l'ensemble Φ comme étant la longueur de la projection vertical de l'enveloppe convexe de Φ .

III3 . Méthode de RICHARDSON [12].

C'est une méthode mise au point par Richardson. On ajuste la courbe par des pas de compas égaux et successifs .Soit λ_0 le pas minimal, le périmètre $L_2\,(\Phi,\lambda_0)$ est déterminé

Avec ce pas, l'étape suivante consiste à changer le pas, qui à la nième étape prendra la valeur λn

Le nombre de segments de taille λi ainsi obtenu constituera le périmètre $L_2\,(\Phi,\,\lambda i)$ approché avec le pas λi .

tel que $L2\,(\Phi,\,\lambda i) = Ni * \lambda i$.

Le pas maximal λi est limité par la taille de l'objet étudié. En général il est limité par la moitié du diamètre de Férét :

$$\text{Max } \lambda i = D_f / 2.$$

Si le graphe du $\log (L_2 (\Phi, \lambda i))$ en fonction de $\log (\lambda i)$ est linéaire, alors :

$L_2 (\Phi, \lambda i) = \theta * r^{1-D}$

où 1-D est la pente du graphe. On a bien sur $\theta = Ni * (\lambda i)$.

Fig 1.

Remarque :

1°) Comme le dernier point du contour ne coïncide presque jamais avec le premier, Richardson suggère à ajouter un pas a $L_2 (\Phi, \lambda i)$.

2°) Dans le cas où le bord de la tâche est tés sinueux comme le montre la figure (2), on aura forcément une perte assez importante au niveau de l'estimation de $L_2 (\Phi, \lambda i)$.

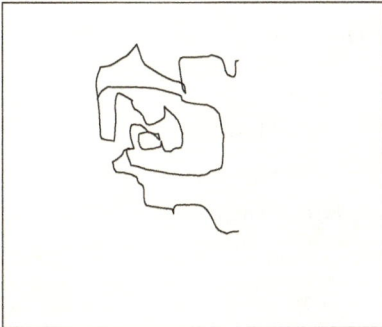

Fig 2 .

III.4. Méthode proposée par Schwartz et Exener [37].

La première étape du procédé reste identique à celle de la méthode précédente sauf que
$\lambda_0 = (1/100) * D_f$
Ou D_f étant le diamètre de Féret.

Le périmètre $L_2(\phi, \lambda_0)$ est calculé de la même façon que la méthode précédente. Par la suite on fait varier le pas (l'espacement entre les points) mais le périmètre est estimé en prenant régulièrement un $j \in (1,n)$, tel que l'on ait :

$$\lambda_j = (j/n) * \sum_{k=1}^{n/j} d_{k,k+j}$$

$d_{k,k+j}$ est la distance entre les points k et k+j

$$\text{et } L_2(\Phi, \lambda_j) = \sum_{k=1}^{n/j} d_{k,k+j}$$

Ainsi de suite on obtient la donnée de plusieurs λ_j auxquels on associe les périmètres calculés $L_2(\Phi, \lambda)$, ce qui nous permettra d'estimer la dimension fractale (voir [20]).

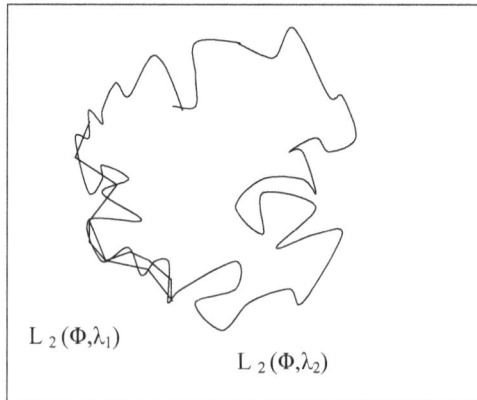

Détermination de la dimension fractale suivant Schwartz et Exener

III.5. Méthode de la saucisse par Minkowski [14].

On l'appelle méthode de la saucisse du fait qu'on met l'ensemble étudié ϕ dans le milieu d'un ruban , formé par des cercles de diamètre l dont on place le centre sur des point successifs de la courbe , assez proche l'un de l'autre . Ainsi l'aire du ruban divisé par sa longueur (2r) , nous donne une estimation du périmètre de la courbe. .On peut dilater de plusieurs pas successifs pour obtenir des estimations de la longueur de la courbe avec r comme variable .Pour plus de détails voir [27]. .

Kahane et Salem [22] ont montré que la dimension fractale calculée par la méthode de Minkowski est toujours superieure ou égale à la dimension du continu de Hausdorff .

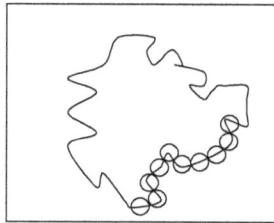

Méthode de recouvrement de Minkowski dans le cas d'un contour fermé

III.6. Détermination de la dimension fractale par modification du grossissement.

Avec les méthodes précédentes , l'image gardait un grandissement constant , seulement la résolution change , mais maintenant on fait varié l'objectif au niveau de l'image ce qui provoque un changement de résolution au niveau de l'image digitalisé .C'est une méthode mise au point par Paumgarter , elle consiste à mesurer le périmètre avec le même procédé :soit avec la polygonation par pas de compas soit avec autre procédé , qui une fois choisie ne sera plus changé au cour du traitement . Cette mesure sera faite sur la mène image à des grossissements différents. Ceci afin de rendre plus visible l'irrégularité du contour .

Pour le procédé du grossissement d'image voir Rigaut [34].

Chapitre IV

Estimation de la dimension a l'aide des formules stereologiques (Weibel)

CHAPITRE IV

ESTIMATION DE LA DIMENSION A L'AIDE DES FORMULES STEREOLOGIQUES (WEIBEL [44]).

Quittons les méthodes spectrales pour décrire une méthode plutôt d'inspiration paramétrique. Weibel a en effet proposé des méthodes permettant d'estimer la dimension fractale en utilisant les transformations de l'écart des grilles qu'il utilise

IV.1. Définition :

La donnée d'un réseau de droites verticales et régulièrement espacées d'un écart « e », sur lesquelles on place horizontalement un autre réseau de droites espacées du même écart « e », nous représente une grille .

Parmi les relations stéréologiques mise au point par WEIBEL [44], celle qui permet d'estimer le périmètre de l'ensemble étudier Φ à partir d'une grille qu'on place sur Φ .
La formule est :

$$B=(\pi/2)\times(I / L)$$

B : le périmètre à estimer
I : le nombre d'intersections entre le bord de l'ensemble Φ et la grille.
L : le nombre de lignes et de colonnes qui composent notre grille.

Exemple

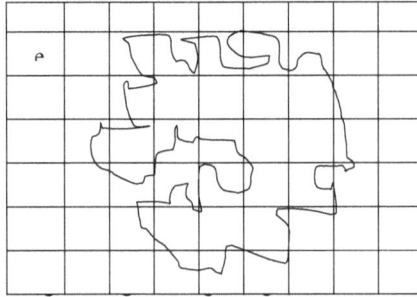

et $B = e^{1-D}$ ou e est l'écart de la grille.

comme à chaque fois qu'on varie « e » on obtient B différent, par la suite la dimension est estimée par une régression linéaire.

IV.2. Méthode des intersections [44].

Elle consiste à ne compter qu'une seule intersection si le bord de notre ensemble passe deux ou plusieurs fois sur le même écart « e » .

Exemple:

I= 6
I=5
I=2
I=1
I=4
I=5
I=1
I=3
....

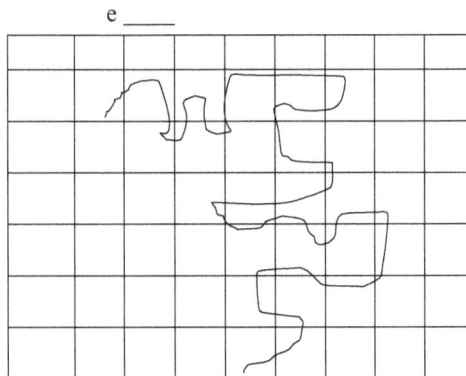

I : représente le nombre d'intersections entre la courbe et la gille.

Remarque : Plus l'écart augmente plus le nombre d'intersections diminue .

IV.3 Méthode des boites [44].

Dans cette méthode on ne s'intéresse pas à l'intersection de l'ensemble avec la grille mais plutôt au nombre de boites par ou passe la courbe.

Exemple :

e —

$N_e = 30$

$N_é = 12$

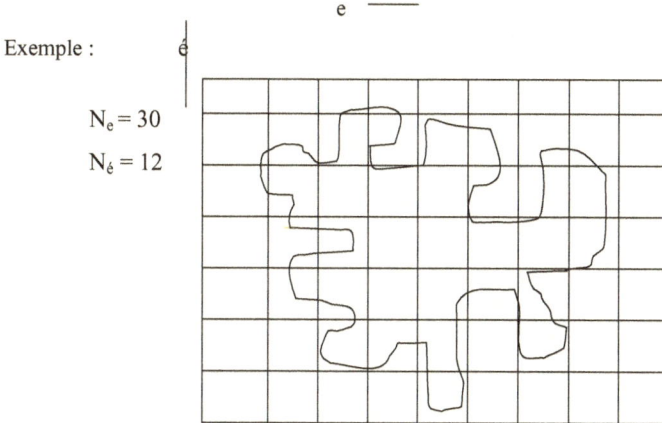

N_e : représente le nombre de carre par ou passe la courbe dans la grille d'écart « e »

Remarque : Avec la variation de « e » on peut estimer la dimension fractale.

IV.4. Méthode des interceptes censures.

Elle a été exposée par Flook [17] . Elle est basée sur les formules stéréologiques, mais cette fois B est calculé comme suit :

Au lieu de placer l'ensemble sur la grille, on trace des lignes sur l'ensemble étudié , puis on se fixe l'écart « e » .

Soit d la distance entre deux points consécutifs de la courbe sur la ligne de la grille, on calcule I suivant la règle :

Si $d < e$ Alors $I = 1$

      $d \geq e$ Alors $I = 2$

.

Exemple : e ‾‾‾‾

I = 2

I = 2+1+1+2+2+1+2

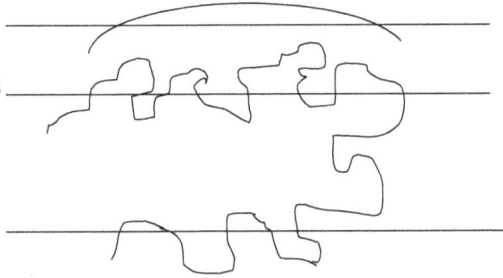

I = 1+2+1+1 .

Remarque.

La méthode de Minkowski, de Richardson et celle proposée par Schwartz et Exener ,
ont fait l'objet d'une comparaison sur des courbes a homothétie interne , dans [37] . Sur ces
même courbes nous avons appliqué nos méthodes, de même que la comparaison faite dans [17]
entre la méthode des interceptes censures et celle de la dilatation du bord a été associée à nos
méthodes.

On a aussi   fait la comparaison des méthodes stéréologiques (méthodees des intersections,
méthodes des boites)   avec celle que nous avons proposée sur des images cancéreuses simulées
.

Tous ces résultats seront exposés au chapitre suivant après avoir décrit les des méthodes mises
au points .

Chapitre V

Methodes d'estimation de la dimension fractale proposees.

CHAPITRE V

V. METHODES D'ESTIMATION DE LA DIMENSION FRACTALE PROPOSEE.

Soit A(M,N) une matrice de M colonnes et N lignes

Soient $i \in \{1,\ldots.,M\}$, $j \in \{1,\ldots.,N\}$

En terme mathématique une image est représentée par une matrice A (M,N) telle que ces éléments sont :

$$\begin{cases} A\,(\,i\,,j\,) = 0 \text{ si l'image ne passe pas par ce pixel.} \\ A\,(\,i\,,j\,) = 1 \text{ si l'image passe par ce pixel.} \end{cases}$$

Avant d'exposer les deux points de vue sur lesquels on réalise notre algorithme, on tient à définir les deux méthodes avec lesquelles on peut traiter l'image.

Balayage ligne par ligne

On fixe j et $i \in \{1,\ldots.,M\}$, à chaque fois que A (i , j) = 0 on passe à i = i + 1 sinon on applique notre algorithme (approprié à la méthode que nous avons mis au point, qu'on exposera ultérieurement) et on recouvre le bord de la tumeur cancéreuse avec le premier carré choisi parmi les possibilités existantes.

Puis on incrémente j = j + 1 et on refait le même travail jusqu'à j = N.

Balayage suivant le contour

On débute avec le même balayage ligne par ligne mais une fois la courbe trouvée, c'est à dire une fois trouvé le premier A (i , j) = 1 on suit le bord de la tâche par le procédé suivant :

Une fois que le premier A (i , j) = 1 on lui applique l'algorithme (approprié à la méthode que nous avons mis au point, qu'on exposera ultérieurement) et on recouvre le bord de la tumeur cancéreuse avec le premier carré, c'est à dire qu'on met tous les éléments de la matrice qui représentent le carré au niveau 2, de façon que la partie du bord de la tâche étudiée recouverte par le carré, ne soit plus pris en compte.   Ce qui ce traduit par le premier carré qui recouvre le bord de la tâche étudiée ; (qui est choisie de façon optimale parmi les quatre possibilités existantes grâce à l'algorithme proposé).

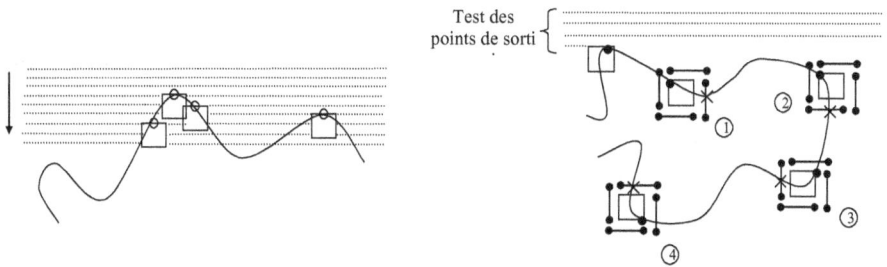

Puis on teste les composantes du vecteurs V_1, si une des composantes est égale à 1 on lui applique l'algorithme, et si tous les composantes sont nulles on passe au vecteur V_2 puis V_3 , s'ils sont nuls aussi, cela veut dire que la courbe n'est pas continue :

Alors on refait le balayage ligne par ligne jusqu'à détecter un pixel allumé(c'est un élément de l'écran qui définit l'image .) et refaire le même travail.

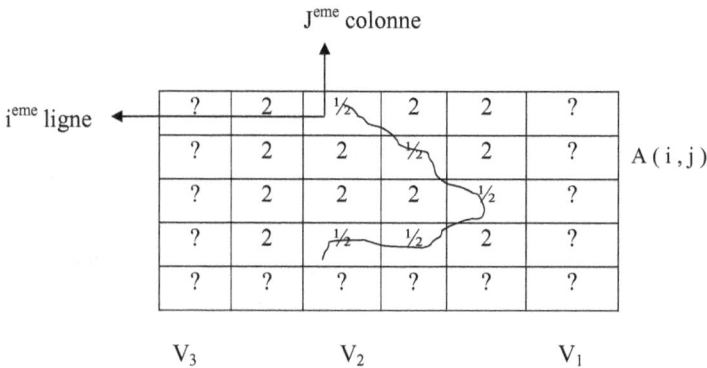

V.1. MISE AU POINT DE L'ALGORITHME.

L'algorithme qu'on propose est la fusion de deux points de vue l'un quantitatif c'est-à-dire que l'outil de recouvrement de la courbe englobe le maximum de ces éléments, l'autre géométrique , car après les divers estimations qu'on fait sur les tumeurs cancéreuses on a remarqué que dans certain cas c'est la vision quantitative qui est optimale et dans d'autre cas c'est la vision géométrique .

 Pour cela on a mis au point des automates (programme) qui on pour but de faire le choix intelligent afin de prendre la bonne décision c'est à dire l'application de la vision quantitative ou géométrique afin que l'outil de recouvrement soit optimal , introduisant ainsi l'intelligence artificielle , ce qui est original car c'est pour la première fois que le recouvrement ne se fait pas automatiquement mais de façons intelligente cela réalise l'optimalité de l'outil de recouvrement , qui en vérité plus il est petit , plus il nous rapproche de la dimension fractale théorique .

Ce dernier point de vue a fait l'objet de la proposition de plusieurs méthodes expérimentales qu'on proposera ultérieurement.

V.1.2. POINT DE VUE QUANTITATIF.

L'algorithme consiste à recouvrir le contour de l'ensemble étudié par des carrés de longueur ε de façon optimale c'est a dire le moins de carré possibles.

Dans cette méthode on choisit les carrés qui englobent le **maximum** de point représentant l'ensemble étudié :

Soient A(N,M) : la matrice qui représente l'ensemble étudié digitalisée et A (i , j) ces éléments .

PROCEDURE
 On teste ligne par ligne chaque élément de la matrice, soit A (i , j) = 1 le premier élément non nul.
A ce point on fait correspondre une sous matrice teste ;

$$\delta_{i,j} (2n-1, n)$$

où n est la taille du carré avec lequel on recouvre notre courbe.

42

Si par exemple n = 4 pixels alors on à $\delta_{i,j}$ (7,4)

Remarque : Si l_ϵ = n pixels   on aura n choix. (Voir Fig 4)

     l_ϵ : longueur de l'arrête du carré.

V.1.3. PROPOSITION :

     Parmi les n carrés { $C_1, \ldots, C_n$ }le choix se fait tel que :

$$C_K = \text{Max} \{ \text{card} (C_T) \}$$

$$T \in \{ 1, \ldots, n \}$$

Le choix se fait sur le carré qui contient le maximum de pixels allumés.

Maintenant s'il existe $\alpha, \beta \in \{ 1, \ldots, n \}$ tels que :

$$\text{card} (C_\alpha) = \text{card} (C_\beta)$$

Alors   si   card (V_α) < card (V_β)   le choix C_α .

      Sinon   le choix : C_β .

(V_β) et (V_α) sont les vecteurs respectivement juxtaposés à C_β et C_α , c'est à dire qu'on choisit le carré dont le vecteur juxtaposé contient le plus d'élément nuls.

Exemple : Soit l_ϵ = 4 pixels.

La sous matrice test $\delta_{i,j}$ (7,4) :

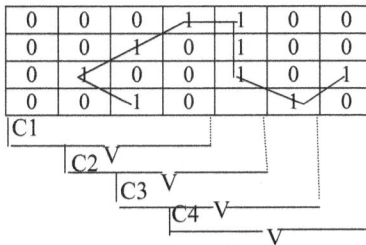

On remarque sur cet exemple que, parmi les quatre carrés C1, C2, C3, C4, le maximum {card (C_T) } = 6, et c'est représenté à la fois par : C2 et C3. Pour porter un choix ; on compare card (V_2) et card (V_3)

Comme on a   card (V2) = 0

                 card (V3) = 1   }   ⇒   On choisit C_2

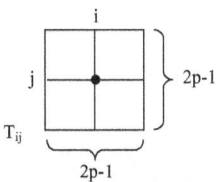

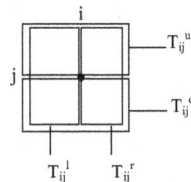

43

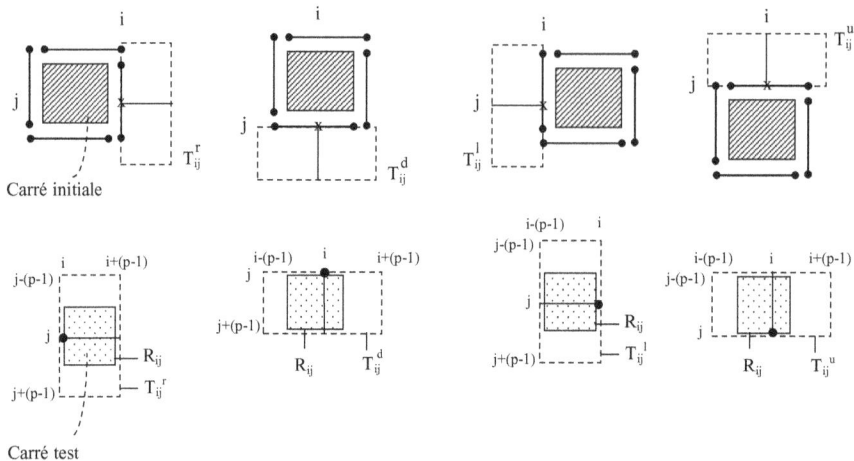

Fig.4 Le choix du carré selon l'algorithme 1.

ORGANIGRAMME DU POINT DE VUE QUANTITATIF

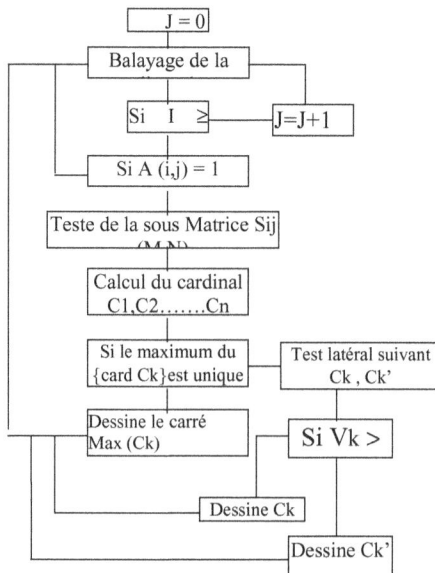

V.1.4. POINT DE VUE GEOMETRIQUE

Au cours de notre étude sur les différentes images traitées par simulation sur ordinateur, on s'est aperçu qu'ils existent certaines situations où il n'est pas optimal, de choisir le carré contenant le plus de pixels allumés, mais le choix devrait se faire suivant la répartition géométrique de notre image.

Exemple :

0	0	0	0	1	0	0
1	1	0	1	0	1	0
0	1	0	1	0	1	0
0	1	1	0	0	0	1

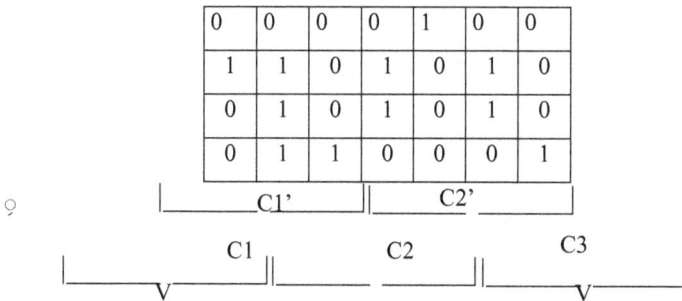

Les carrés C1, C2, C3 tracés , voir (figure ci dessus) représentent l'application du point de vue quantitatif.

Par contre si on applique le point de vue géométrique, on obtient seulement les deux carrés $C1', C2'$.

Ceci nous a incités à proposer trois méthodes :

V.1.4.1. 1er METHODE ZERROUG 1

Dans cette méthode qui est localement optimale, le choix du carré se fait comme suit :

On suppose que la longueur du côté du carré est égal à n pixels

Soit A (i , j) = 1 le pixel sur lequel porte notre choix.

$$\text{Soit le vecteur } V_{i,j} = \begin{pmatrix} A(i,j) \\ A(i,j+1) \\ A(i,j+2) \\ \vdots \\ A(i,J+n-1) \end{pmatrix}$$

45

Soit $V(0) = V(i,j)$ $V(-1) = V(i-1,j)$, $V(1) = V(i+1,j)$

$V(-n) = V(i-n,j)$; $V(n) = V(i+n,j)$

Maintenant on teste chaque vecteur $V(k)$: avec $k \in \{-n, \ldots, 1\} \cup \{1, \ldots, n\}$.

1er) On teste $V(-n-1)$ si card $V(-n-1) = 0$ alors :

$$\begin{cases} \text{Si card } V(-n) \neq 0 & \text{on choisit C1} \\ \text{Si card } V(-n-1) \neq 0 & \text{on choisit C2} \\ \quad \vdots \\ \text{Si card } V(-1) \neq 0 & \text{on choisit Cn-1 on choisit Cn} \end{cases}$$

Maintenant si card $V(-n-1) = 0$, alors on teste $V(n+1)$, si card $V(n+1) = 0$: on en déduit les possibilités suivantes :

$$\begin{cases} \text{Si card } V(n) \neq 0 , & \text{on choisit Cn} \\ \text{Si card } V(n-1) \neq 0 , & \text{on choisit Cn-1} \\ \quad \vdots \\ \text{Si card } V(1) \neq 0 , & \text{on choisit C2} \\ \text{Sinon} & \text{on choisit C1} \end{cases}$$

ORGANIGRAMME DE LA METHODE ZERROUG1.

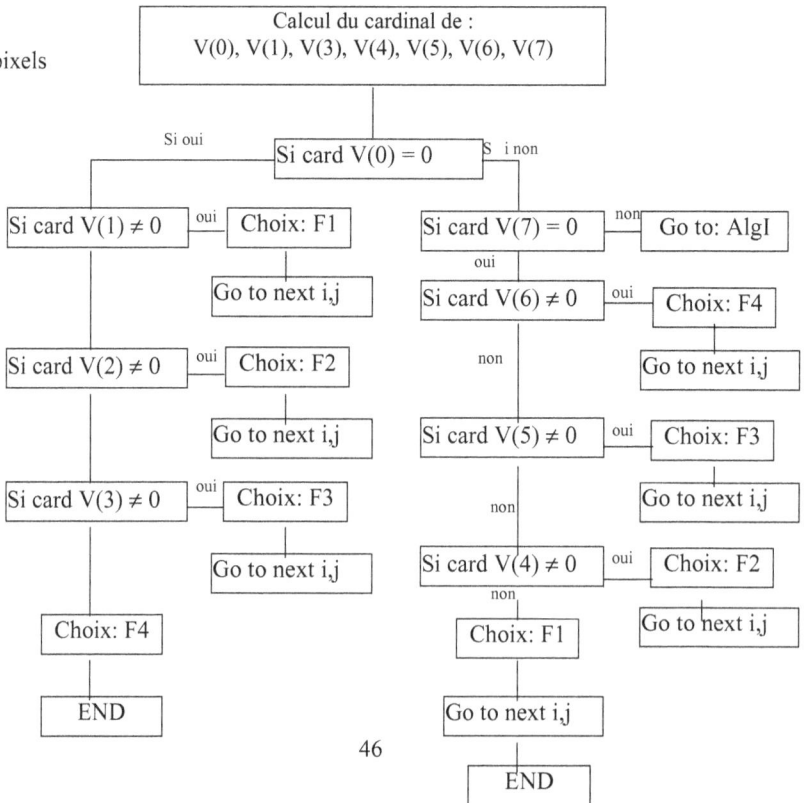

46

V.1.4.2. $2^{\text{éme}}$ METHODE ZERROUG2

Cette méthode est plus générale que la méthode $N^0 1$, puisqu'elle ne prend pas en compte seulement les vecteurs limitrophes V(0) et V(7) ; mais tous les vecteurs à gauche jusqu'à la fin de l'image, et cela afin d'éviter les pixels qu'on appelle "ISOLANTS ".

Ce qui nous induit à ajouter des carrés en plus, pour le recouvrement total.

Soient : a) $Bi, j (I, n)$ la sous matrice teste associée au pixel testé $A (i, j)$.

b) $\{ V(0), \dots\dots V(I-1) \}$ les vecteurs de la sous matrice $Bi, j (I, n)$.

n est la longueur du côté du carré.

I le nombre de vecteurs de la sous matrice $Bi, j (I, n)$.

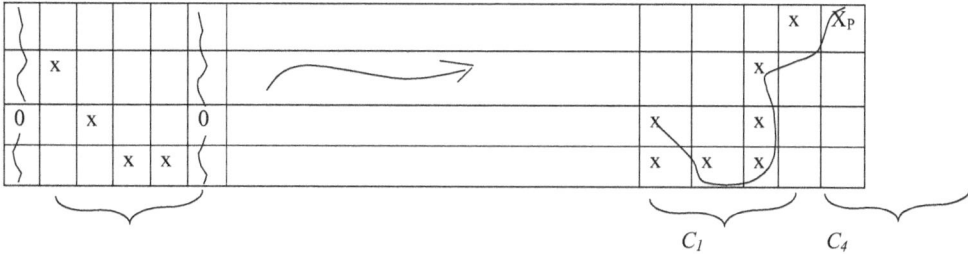

Remarque :

Dans ce cas le choix optimale est C_4.

On commence par tester le vecteur $V(0)$, si card $V(0) = 0$ on passe au vecteur $V(0 + n)$, sinon on teste $V(1)$, de même si card $V(1) = 0$ on passe au vecteur $V(1+n)$ Sinon on teste $V(2)$ et ainsi de suite, on continue ce processus jusqu'à arriver à $k \geq (I - (n-1))$ et à ce moment notre choix se fait comme suit :

k : représente l'indice du vecteur V.

Si $k = I - (n-1)$, on choisit C_1

Si $k = I - (n-2)$, on choisit C_2

Si $k = I - (n-3)$, on choisit C_3

:

:

Si $k = I - (n-(n-1))$, on choisit C_{n-1}

Sinon , on choisit C_n

Une fois le carré choisi, on annule la matrice représentante celui ci. Ensuite on continue notre balayage jusqu'à découvrir un autre pixel allumé, on lui associe sa sous matrice test et on recommence notre analyse.

ORGANIGRAMME DE LA METHODE ZERROUG2 :

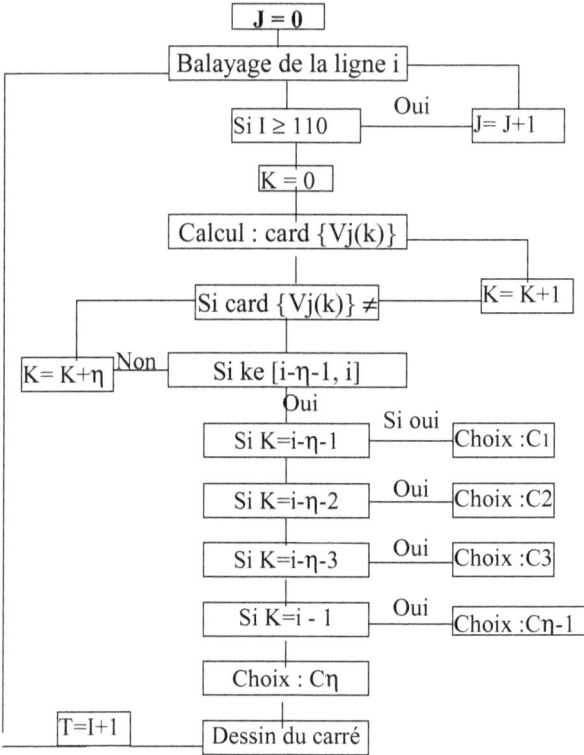

Variante de la méthode ZERROUG2 :

On procède de la même manière que la seconde méthode sauf qu'au lieu de travailler avec la sous matrice test $B_{i,j}$ (I , n), on travaille avec la sous matrice $B_{i,j}$(I , n - 1).

Ceci évite de prendre en compte les vecteurs de la sous matrice dont le dernier élément est non nul, étant donné qu'ils seront récupérés forcément au moment du test de la ligne $j + 3$.

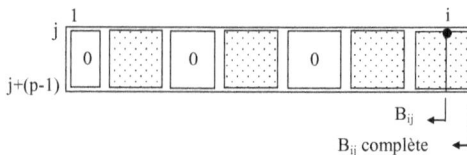

V.1.4.3. 3^{éme} METHODE ZERROUG3

Cette méthode est plus rapide que la seconde du fait que non seulement on choisit le carré approprié au pixel testé A (i , j) par la méthode N° 2, mais on recouvre au fur et à mesure la partie de la courbe comprise dans la sous matrice W (M , n) par le procédé qu'on va exposer.

Soit A (i , j) = 1 le premier élément de la matrice qui est non nul. On lui associé la sous matrice test $W_{i,j}$ (M , n).

ou   M est le nombre de colonne de la matrice qui représente notre tâche et n la longueur du carré de recouvrement.

Soient : { V_1, ..., V_n }les vecteurs de Wi , j.

On commence par tester le vecteur V_1 si card V_1 = 0 ensuite V2. Sinon on trace le 1er carré, comme suit :

On a déjà une première information qui est le N° de la colonne "C" : c'est 1, car card $V_1 \neq 0$.

La deuxieme information c'est le N° de la ligne "1" : qui doit être choisi de la sorte .

Soit :

$$Vz = \begin{pmatrix} Vz\,(\,j\,) \\ Vz\,(\,j+1\,) \\ \vdots \\ Vz\,(\,j+(n\text{-}1)\,) \end{pmatrix} \qquad \text{où} : z \in \{\,1\,,\ldots,\,M\,\}$$

Le choix de la ligne se fait comme suit :

V.1.5. PROPOSITION :

Soit   e : le numéro de la ligne, alors

e = Min { k $\in$ { j ,. . . . , j + (n-1} / Vz (k) = 1 et z $\in$ {1,. . .,1+n } }.

Ayant les deux données, on peut tracer le 1er carré.

On procède de la même manière jusqu'à recouvrir Wi , j, puis on recommence pour Wi,j+n jusqu'à recouvrir toute la tumeur.

Exemple :

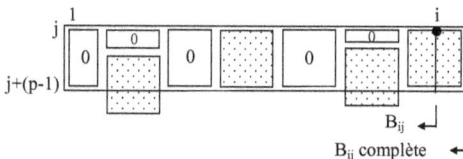

49

On remarque dans cette exemple que le fait de procéder de la sorte nous évite les pixels isolants, ainsi on récupère des pixels qui sont au dessous de $W_{i,j}$ et finalement on gagne aussi un temps considérable, ce qui est très important.

CONNECTION DES DEUX VISIONS :

Les meilleurs résultats sont obtenus par la combinaison de l'algorithme quantitatif et l'algorithme géométrique approprié à la méthode N° 1, mais pas tout les cas traités par la méthode N° 1, seulement, les cas qui ont donnés de bon résultats voir tableau ci dessous , ce qui explique que notre choix sur ces différentes méthodes a été très empirique..

On a simulé six tumeurs cancéreuses suivant ces probabilités :

Tumeur1 P_1=0.40, P_2=0.50, P_3=0.70 : **Tumeur2** P_1=0.50, P_2=0.55, P_3=0.65 : **Tumeur3** P_1=0.52, P_2=0.60, P_3=0.68 : **Tumeur4** P_1=0.43, P_2=0.55, P_3=0.75 : **Tumeur5** P_1=0.50, P_2=0.65 ,P_3=0.70 **Tumeur6** P_1=0.48, P_2=0.60, P_3=0.78 .

Pour les images voir **Annexe C.**

	Tumeur1	Tumeur 2	Tumeur 3	Tumeur 4	Tumeur 5	Tumeur 6
Méthode N^0 1	393carrés	249 c	209 c	308 c	299 c	217 c
Méthode N^0 2	340 c	225 c	182 c	270 c	269 c	189 c
Variante de la Méthode $N^0$2	338 c	225 c	192 c	275 c	263 c	204 c
Méthode $N^0$3	337 c	225 c	195 c	271 c	266 c	200 c
Algorithme quantitative	339 c	226 c	191 c	274 c	269 c	186 c
Connexion des deux visions	336 c	224 c	188 c	271 c	266 c	186 c

V.2. ESTIMATION DE LA DIMENSION FRACTALE PAR LA METHODE DES MOINDRES CARRES.

Soient X_1, X_2,...... X_n les " longueurs des carrés ", pour chacune d'elle, on mesurera la valeur prise par la variable aléatoire Y_i ; $i \in \{1, ..., n\}$.

Y_i représente le nombre de carrés qui recouvrent le bord de notre tâche cancéreuse. Evidemment Y_i est aléatoire puisqu'il change suivant l'algorithme qu'on lui applique.

Enonce du problème

Dans le schéma théorique présenté, on retrouve qu'en espérance mathématique, la variable aléatoire Y est une fonction linéaire d'une variable X

$$E(Y) = A + B.X$$

Les valeurs des paramètres A et B sont inconnues, et devront être estimées à partir de données expérimentales.

Soient a , b les estimateurs de A , B. La relation estimée s'écrit :

$$Y = a + b.x$$

Les valeurs a et b sont choisies de manière à rendre minimale la somme des carrés des écarts entre Y_1 et la droite ajustée $Y = a + b.x$.

Soient : $(X_1, Y_1), ..., (X_n, Y_n)$ la série d'observations.

Posons

$$\overline{X} = \frac{X_1 + X_2 + \cdots + X_n}{n}$$

$$\overline{Y} = \frac{Y_1 + Y_2 + \cdots + Y_n}{n}$$

$$Q = \sum_{i=1}^{n} (Y_1 - (A + B.X_1))^2$$

Afin de rendre Q minimal :

$$\delta Q / \delta A = 0 \quad ; \delta Q / \delta B = 0$$

D'où on tire A et B les racines du système suivant :

$$\delta Q / \delta A = -2 \sum_{i=1}^{n} (Y_i - (A + B.X_i)) = 0$$

$$\delta Q / \delta B = -2 \sum_{i=1}^{n} X_i (Y_i - (A + B.X_i)) = 0$$

D'où $B = \displaystyle\sum_{i=1}^{n} \left(\dfrac{(Y_i - Y)(X_i - X)}{(X_i - X)^2} \right)$

Dans notre cas, B représente l'estimation de la dimension de la tumeur.

Droite de Régression.

A partir d'une tumeur simulé avec les probabilités suivantes :

P_r(cellule soit atteinte /ces 3voisines soient atteintes) = 0.75
P_r(cellule soit atteinte /ces 2voisines soient atteintes) = 0.55
P_r(cellule soit atteinte / 1voisine soit atteinte) = 0.50

On a obtenus ces résultats :
Dans notre cas i = 6 (3Pixels ,4p, 5p,6p et 7p)

Log(X_i)	1.0900	1.2879	1.4858	1.6837	1.8816	2.07994
Log(Y_i)	5.9296	5.6586	5.3876	5.1167	4.8457	4.5747

Nuage de Points (NEW2.STA 10v*10c)
y=7,422-1,369*x+eps

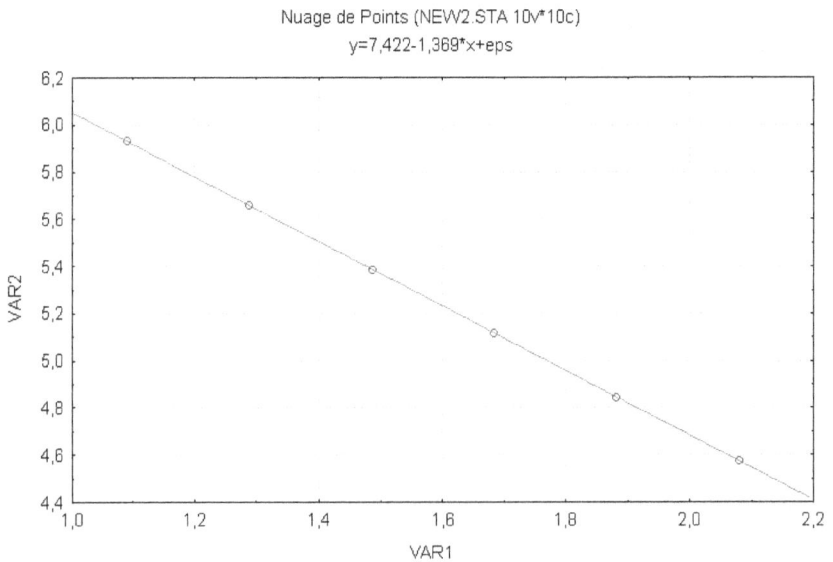

V.2.1. Intervalles de confiance du paramètre à estimer .

Rappelons que a et b sont des combinaisons linéaires de variables aléatoires normales et indépendantes de Y_1 :

$$b = \sum_{i=1}^{n} c_i . Y_i \quad ; \quad a = \sum_{i=1}^{n} d_i . Y_i$$

Or toute combinaison de variables aléatoires normales est elle-même variable aléatoire normale :

On a vu que E (b) = B et E (a) = A

D'autre part Var $(Y_i) = \sigma^2$

$$\Rightarrow \quad \sigma^2_b = \sum_{i=1}^{n} c_i^2 . \, \sigma^2 = \cfrac{\sigma^2}{\sum_{i=1}^{n} (xi - \overline{x})^2}$$

Posons ;

$$S_{y/x} = \sqrt{\frac{\sum (Y_i - Y)^2}{n-2}}$$

$S_{y/x}$ est un estimateur de variance résiduelle et du fait que $\dfrac{(n-2).S^2_{y/x}}{\sigma^2}$ suit la loi X^2 à (n-2) degrés de liberté, indépendamment de a et b. Il est aisé de construire un intervalle de confiance, en se reportant à la définition de la variable de student à (n-2) degrés de liberté.

D'où

$$\Pr \left(-t_{\propto/2, n-2} \leq \frac{b-B}{(S_{x/y})/} \leq t_{\propto/2.n-2} \right) = 1 - \propto$$

donc

$$\Pr \left(b - t_{\propto/2, n-2} \, \frac{S_{y/x}}{\sqrt{\sum(x_i - x)^2}} \leq B \leq b + t_{\propto/2, n-2} \, \frac{S_{y/x}}{\sqrt{\sum(x_i - x)^2}} \right) = 1 - \propto$$

c'est à dire que $B \in \left[b \pm t_{x/2} ;_{(n-2)} \left(\dfrac{S_{y/x}}{\sqrt{\sum (x_i - \bar{x})^2}} \right) \right]$

Théoriquement toute courbe est recouverte par un nombre minimal N_o et cela quelque soit l'orientation de celle ci.

Dans notre cas après avoir pivoté notre courbe suivant huit direction différentes et puis appliquée notre algorithme sur chaque direction on observe les résultats suivant sur deux courbes C_1 et C_2 :

Tableau de la courbe C_1 :

La courbe C_1 est générée à partir des probabilités $P_1 = 0.50$; $P_2 = 0.55$, $P_3 = 0.75$.

Ort : orientation.

	Ort 1	Ort 2	Ort 3	Ort 4	Ort 5	Ort 6	Ort 7	Ort 8
4 pixels	266	266	264	271	257	264	262	262
5 pixels	188	188	183	183	179	181	185	182
6 pixels	140	139	141	143	139	140	140	144
7 pixels	109	112	110	111	108	114	112	113

Tableau de la courbe C_2 :

La courbe C_2 est générée à partir des probabilités $P_1 = 0.450$; $P_2 = 0.60$, $P_3 = 0.75$

	Ort 1	Ort 2	Ort 3	Ort 4	Ort 5	Ort 6	Ort 7	Ort 8
4 pixels	265	264	266	264	263	258	263	264
5 pixels	186	187	186	187	183	186	186	185
6 pixels	146	143	143	145	141	142	142	142
7 pixels	119	116	114	119	110	123	113	115

De ce fait on remarque que N_1 est une variable aléatoire qui peut prendre n'importe quelle valeur dans Ω .

Ainsi afin d'évaluer l'efficacité de notre algorithme on procède par l'un des deux procédés ,
soit la convergence de la méthode, soit par détermination de la loi qui régit la variable aléatoire
N_1 . Mais comme l'étude de la convergence demande un formalisme mathématique de la méthode ce qui est quasiment impossible dans notre cas alors on opte pour le second procédé.

V.2.2. Histogramme:

Après avoir fait l'histogramme des 200 dimensions, calculées sur des images simulées suivant le triplet : (P_1, P_2, P_3)

On remarque bien dans cette histogramme que la loi qui régit la dimension est une loi normale .

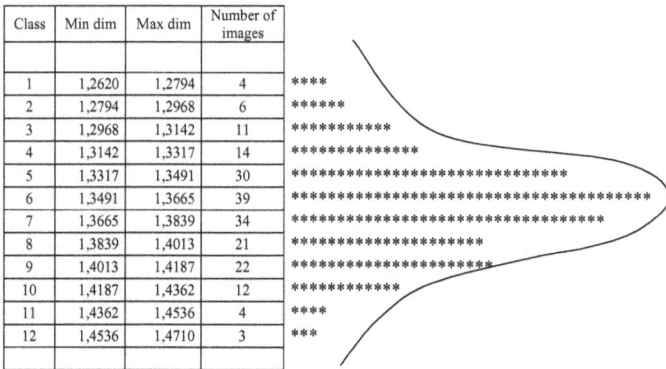

Class	Min dim	Max dim	Number of images	
1	1,2620	1,2794	4	****
2	1,2794	1,2968	6	******
3	1,2968	1,3142	11	***********
4	1,3142	1,3317	14	**************
5	1,3317	1,3491	30	******************************
6	1,3491	1,3665	39	***************************************
7	1,3665	1,3839	34	**********************************
8	1,3839	1,4013	21	*********************
9	1,4013	1,4187	22	**********************
10	1,4187	1,4362	12	************
11	1,4362	1,4536	4	****
12	1,4536	1,4710	3	***

V.2.3. Test d'ajustement, de KOLMOGOROV-SMIRNOV[41].

On a remarqué que la loi qui régissait ces dimensions n'était autre que la loi normale, et pour plus de certitude on a fait un test d'ajustement, celui de KOLMOGOROV-SMIRNOV.

La statistique sur laquelle est fondée ce test est :

$$S = \sup_{x_i} \{ F_n(x_i) - F(x_i) \} \quad i \in \{ 1, \ldots, 200 \}$$

où $F(x_i) = \int_{-\infty}^{x_i} (1/(\sqrt{2\pi}\sigma)). \text{Exp}(-(t-m)^2/2\sigma^2) \, dt$

est la fonction de répartition de la loi sur laquelle on veut faire le test.

et $\quad F_n(x_i) = (1/n). \sum_{v=1}^{n} 1_{x_i}$

$$\{ x_v \leq x_i \}$$

dans notre cas $n = 200$

est la fonction de répartition associée à la loi empirique définie sur $(x_1, \ldots, x_{200})$.

A cet effet on a établi un programme composé de trois parties

1er Partie :

Consiste à calculer $F(x_i)$ $i \in \{ 1, \ldots, 200 \}$, à partir de la méthode de GAUSS.

Pour cela on est contraint de faire un petit changement de variable pour que la loi soit centrée, réduite.

$$F(x_i) = \int_{\infty}^{x_i} \frac{1}{\sqrt{2\pi}\, 0,03159} \exp(-(t-1,3234)^2/(2*(0,03159)^2)) \, dt$$

On pose $Y = (t-1,3234)/0,03159$ d'où

$\quad dY = dt / 0,03159$

$$\frac{x_i - 1,3294}{0,03159} = W_i$$

$$F(x_i) = \int_{\infty}^{W_i} \frac{1}{\sqrt{2\pi}} \exp(-Y^2/2) \, dY \quad \text{où } W_1 = (x_i - 1,3234)/0,03159$$

Consiste à calculer la fonction de répartition empirique.

Fn (x_i) pour tout $i \in \{ 1,.....,200 \}$

$3^{éme}$ _Partie_ :

On calcule les statistiques S_{200}- et S_{200}+.

$$S_{200}^+ = \sup \{ F_{200} (x_i) - F(x_i) \}$$

$$x_i$$

$$S_{200}^- = \sup \{ F (x_i) - F_{200} (x_i) + 1/200 \}$$

$$x_i$$

D'où $S = \text{Max} \{ S_{200}^+, S_{200}^- \}$

Résultats :

Ainsi dans notre cas :

$$S_{200} = 0.4292 / 200$$

$$S_{200} = 0.5838 / 200$$

Donc $S = 0.5838 / \sqrt{200}$

V.2.4. Conclusion.

En se rapportant à la table de distribution de KOLMOGOROV on peut déduire que notre loi est normal   pour un seuil α inférieure à 0.20 la valeur critique est de   : 1.073 / 200 .

Ainsi on conclut que toute dimension « d »   estimée par D pour n'importe quelle tumeur cancéreuse , avec une erreur de 5 % appartient à l'intervalle

$$d \in [D \pm 1.96 * 0.002]$$

$$d \in [D \pm 0.003]$$

ou $\sigma(\bar{D}) = \sigma (D) / 200 = 0.03 / 200 = 0.00015.$

Chapitre VI

Evolution de la dimension dans l'espace des probabilites.

CHAPITRE VI

EVOLUTION DE LA DIMENSION DANS L'ESPACE DES PROBABILITES

Etant donné que la variation de la dimension ne dépend que de trois paramètres P_1, P_2, P3, on estime qu'il serait souhaitable d'avoir une idée sur l'évolution de la dimension dans l'espace formé par les probabilités P_1, P_2, P_3.

Pour cela on s'est donne des valeurs à P_1, P_2, P_3 de façon à avoir une diffusion homogène sur tout l'espace .

Soit « p » le pas avec lequel évolue les probabilités , p = 0.05

Ce qui nous donne une diffusion de l'espace assez homogène et générale , et qui se schématise ainsi :

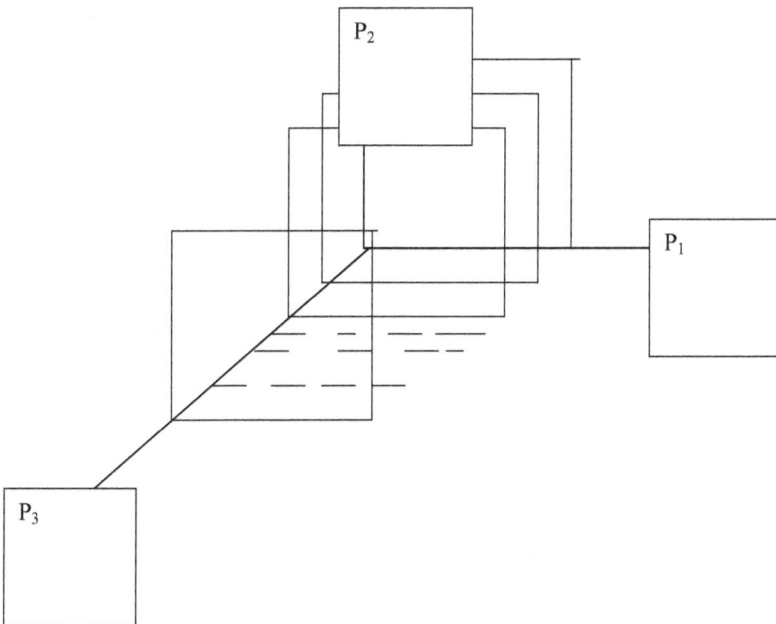

On fait un balayage du plan formé par P_1, P_2, P_3 sur l'espace induit par P_1 tout en respectant l'hypothèse $P_1 < P_2 < P_3$.

Ensuite pour chaque triplet (P_1 , P_2 , P_3) on fait 200 simulation (Randomisation) , dont on calcule la moyenne et l'écart- type . Vue qu'on travaille sur 80 points de l'espace , ce qui nous donne 80*200= 16000 simulations .

Pour les données voir annexe B.

VI.1 Traitement des données.

Ces données acquises font l'objet de deux remarques importantes :

1er) chaque fois que P_2 ou P_3 augmente d'un pas (p=0.05) avec P_1 constante, la dimension diminue de 0.02.

2eme) Par contre chaque fois que P_1 augmente du même pas p et P_2, P_3 constantes , la dimension augmente de 0.03.

Une fois de plus la méthode proposée confirme bien son efficacité pour la raison suivante : si P_1 augmente (aussi soit elle petite l'augmentation (0.05)) l'irrégularité de la tache augmente ce qui entraîne une augmentation de la dimension (décèle par la méthode mise au point) .

Par contre si , P_2 ou , P_3 augmentent , l'irrégularité diminue (aussi soit elle petite) ce qui entraîne la diminution de la dimension qui est décélée par la méthode mise au point . Etant donné qu'on a une variation constante de la dimension a chaque fois que le pas avec lequel augmente les probabilités est constant, alors on peut conclure que la dimension est linéairement dépendante du triplet (P_1, P_2, P_3) et s'écrit :

$D = a + b.P_1 + c.P_2 + f.P_3$

Maintenant il nous reste à trouver les quatre paramètres a, b, c et f.

Pour cela on fait une régression multilinéaire sur les 80 données qu'on a :

Soit d (i) = a + b*P_1 (i) + c P_2 (i) + f P_3 (i) avec i $\in$ [0,80]

Posons $Q = \sum_{i=1}^{80} [d(i) - a - b P_1 (i) - c P_2 (i) - f P_3 (i)]$

Pour que Q soit minimal on pose :

$$\frac{\delta Q}{\delta a} = \frac{\delta Q}{\delta b} = \frac{\delta Q}{\delta c} = \frac{\delta Q}{\delta f}$$

Ce qui ce traduit par quatre équations :

$$
\begin{cases}
a\sum_{i=1}^{80} P_1(i) + b\sum_{i=1}^{80} P_1^2(1) + c\sum_{i=1}^{80} P_1(i)P_1(i) + f\sum_{i=1}^{80} P_3(i)P_1(i) = \sum_{i=1}^{80} d_i P_1(i) \\[2mm]
a\sum_{i=1}^{80} P_2(i) + b\sum_{i=1}^{80} P_2(i)P_1(i) + c\sum_{i=1}^{80} P_2^2(i) + f\sum_{i=1}^{80} P_3(i)P_2(i) = \sum_{i=1}^{80} d_i P_2(i) \\[2mm]
a\sum_{i=1}^{80} P_3(i) + b\sum_{i=1}^{80} P_3(i)P_1(i) + c\sum_{i=1}^{80} P_2(i)P_3(i) + f\sum_{i=1}^{80} P_3^2(i) = \sum_{i=1}^{80} d_i P_3(i) \\[2mm]
a\sum_{i=1}^{80} i + b\sum_{i=1}^{80} P_1(i) + c\sum_{i=1}^{80} P_2(i) + f\sum_{i=1}^{80} P_3(i) = \sum_{i=1}^{80} d_i
\end{cases}
$$

VI.2. Calcul des coefficients de régression multilinéaire

Ce calcul est fait à partir du logiciel : *Statpal -Regression*

Résultats des 16000 simulations :

Variable	Coefficients	Erreurs	Total Score
Intersept	1.7488	0.0113	154.9098
P1	0.5060	0.0183	27.6554
P2	-0.6334	0.0170	-37.1914
P3	-0.4160	0.0163	-25.5748

Donc toute tumeur génère a partir de P_1, P_2 , P3 sa dimension fracta est estimée par :

$$D.F_t = 1.7488 + 0,5060 P_1 - 0,6334 P_2 - 0,4160 P_3$$

CHAPITRE VII

ETUDE ET COMPARAISON DES DIMENSION FRACTALES S DE QUELQUES COURBES CELEBRES.

ETUDE ET COMPARAISON DES DIMENSIONS FRACTALES DE QUELQUES COURBES CELEBRES.

Après avoir comparé, l'algorithme proposé avec les méthodes stéréologiques, et afin d'évaluer l'efficacité de notre algorithme, on va essayer de les comparer avec les dimensions théoriques de quelques courbes fractales célèbres.

VII.1. La courbe de Von Koch [40].

En 1904 , HELGE VON KOCH (1870..1924) construisit une famille de courbes qui ne couvrait pas tout le plan .

On part d'un segment de droite qu'on divise en trois parties égale , dont le tiers central est remplacé par un fuseau .

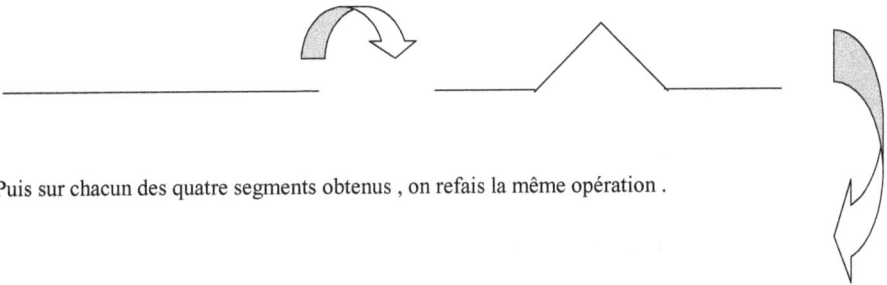

Puis sur chacun des quatre segments obtenus , on refais la même opération .

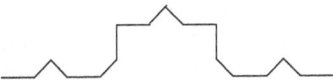

En continuant ainsi a l'infini , on obtient une courbe nulle part dérivable , de longueur infinie . On remarque que la longueur est multipliée par 4/3 d'une étape a l'autre .

Sa dimension fractale théorique est : $\dfrac{log(4)}{log(3)}$

VII.1.2. Les courbes du DRAGON [40] .

L'origine de la courbe Dragon , vient du fait d'un processus de pliage d'un   papier :
Si l'on plie un papier en deux puis qu' on le déplie a un angle droit on obtient une sorte de
« L » , et si l'on plie le papier deux fois de suite on obtiendra la deuxième étape du processus
de la courbe Dragon .
A la $N^{ième}$ étape dessiner la courbe Dragon par ce procédé devient impossible .Pour cela on a
fait intervenir l'outils informatique , afin de générer la courbe Dragon .

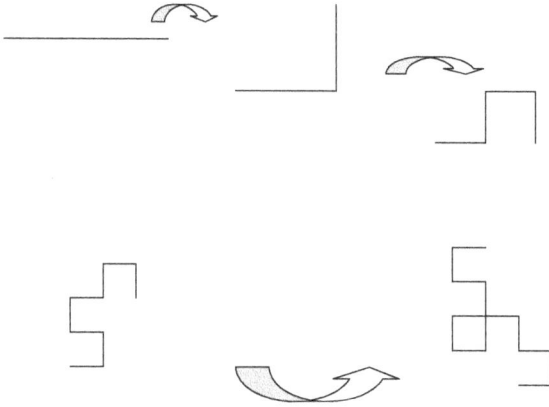

sa dimension théorique est : $\frac{Log(4)}{\log(2)}$

Dimension estimé = 1.6825 (la 9ème itérations .)

VII.1.2. Le mouvement brownien.

(une approche plus réelle du monde fractale)

Les courbes qu'on a vues jusqu'a présent, sont des courbes dont l'irrégularité est périodique
dans leurs irrégularité. Or   en réalité les objets qu'on veut étudier : telles les alvéoles
pulmonaires , la circulation capillaire , les taches cancéreuses, ne présentent pas cette
périodicité
Pour cette raison on a voulu simulé un objet fractal dont la formation est purement hasardeuse .

Soit $X_{0 =} (t_0 , Z_0) = 0$ Le 1er point d'ou va démarrer   le processus .

Donc au temps $t_0 = 0$ $Z_0 = 0$

au temps $\qquad t_o + 1 = t_1 \qquad\qquad Z_1 = Z_0 + \xi_1$

$\qquad\qquad\qquad\vdots \qquad\qquad\qquad \vdots$

$\qquad\qquad\qquad\vdots$

$\qquad\qquad\qquad\vdots \qquad\qquad\qquad \vdots$

au temps $\qquad\qquad t_n \qquad\qquad Z_n = Z_{n-1} + \xi_n$

ou ξ_n suit la loi normal $\quad N(0, \sigma^2)$.

Pour générer cette variable gaussienne ξ_n dans un programme , on pose $Y = RND(1)$ et comme Y suit une loi uniforme entre $(0, 1)$.
Alors on peut générer notre variable ξ_n en posant :

$$\xi_n = (Y - \tfrac{1}{2})$$

Donc le mouvement de notre point X_o se déplacera suivant cette équation :

$$Z_{n+1} = Z_n + A.(Y - \tfrac{1}{2}) .$$

« A » est une valeur qu'on donne à priori pour varier l'amplitude de notre mouvement .
Poussé à l'extrême ce processus n'est autre que le mouvement Brownien d'une particule dans le plan .

Simulation et calcule de la dimension fractale (voir Annexe C).

VII.2. Comparaison de la méthode mise au point avec les méthodes existantes actuellement.

VII.2.1. Comparaison avec les méthodes stéreologiques.

Pour cela on mis au point un algorithme qui nous donne le nombre de boites selon la méthode B_1 et B_2
Puis pour la même image on applique la méthode mise au point et les méthodes stéreologiques.

Pour une image simulée suivant :

$$P_{r1} = 0.75$$
$$P_{r2} = 0.6$$
$$P_{r3} = 0.5$$

Résultat suivant la méthode B_1.

Longueur de l'écart De la grille (e)	Log e	Nombre de carrés	Log c
2 pixels	0.693	375	5.926
3 pixels	1.09	302	5.710
4 pixels	1.38	230	5.438
5 pixels	1.60	204	5.204

Estimation de la dimension :Dim.F = 1.793

Résultat suivant la méthode B_2

Pour une image simulée suivants :
$$Pr1 = 0.45$$
$$Pr2 = 0.5$$
$$Pr3 = 0.75$$

Longueur de l'écart De la grille (e)	Log e	Nombre de carrés	Log c
2 pixels	0.693	554	6.317
3 pixels	1.09	442	6.091
4 pixels	1.38	325	5.784
5 pixels	1.69	270	5.598

Estimation de la dimension Dim.F = 1.055

Résumé des résultats sur plusieurs tumeurs simulées :

Pr(1)	Pr(2)	Pr(3)	Dimension par la méthode B1	Dimension par la méthode B2	Dimension par la méthode propose
0.50	0.55	0.75	1.78	1.104	1.27
0.45	0.55	0.75	1.75	1.105	1.26
0.40	0.60	0.80	1.64	1.014	1.14
0.40	0.50	0.72	1.80	1.0616	1.34
0.50	0.6	0.75	1.79	1.055	1.31

Tableau 7.1

VII.2.2. Comparaison avec les méthodes de H. Schwartz et H.Exner ; de Minkowski ; de Flook , de La Dilatation du bord et de Richardson.

1er TABLEAU COMPARATIF:

Le tableau suivant résume les résultats de comparaison faite entre la méthode de Schwartz et.Exner ,celle de Minkowski ,et la méthode de Richardson sur la courbe de VON.KOCH dont on connait la valeur théorique tire de l'article [37] auquel j'ai ajouté la méthode présenter.

Méthodes	Courbe de Von Koch	Valeur théorique
H.Schwartz et H.Exner	1.22	1.261859
Minkowski	1.26	1.261859
Méthode de Richardson	1.25	1.261859
Méthode Zerroug	1.264606	1.261859

Log4/log3 $\cong$ 1.261859

2er TABLEAU COMPARATIF:

Ce tableau résume les résultats faite entre flook et la méthode de dilatation du bord tire De l'article [17] , aux quel j'ai ajouté la méthode mise au point .

Méthodes	Courbe de Von Koch	Valeur théorique
flook	1.28$\pm$ 0.06	1.261859
Dilatation du bord	1.27$\pm$ 0.03	1.261859
Méthode Zerroug	1.26 $\pm$ 0.003	1.261859

CONCLUSION.

La première constatation qu'on a fait lors du tracé de la droite de régression c'est la linéarité du nuage de point ce qui un indicateur que notre estimation de l'outil de recouvrement est très efficace dans le calcul de la dimension fractale.

D'autre part lors du traitement des données sur les 16000 simulations de tumeurs la méthode proposée confirme bien son efficacité pour la raison suivante : si P_1 augmente (aussi soit elle petite l'augmentation (0.05)) l'irrégularité de la tache augmente ce qui entraîne une augmentation de la dimension (décèle par la méthode mise au point) .

Par contre si P_2 et P_3 augmentent , l'irrégularité diminue (aussi soit elle petite) ce qui entraîne la diminution de la dimension qui est déceler par la méthode mise au point .

Ces constations sont bien confirmée dans les deux tableaux comparatives (voir tableau 1 et 2)la méthode qu'on a mis au point donne des résultats plus proche des valeurs théoriques que celle de Flook , de la méthode de la Dilatation du bord , H.Schwartz et H.Exner , Minkowski et de Richardson . De même que la marge d'erreurs dans notre cas est de 0.003 alors que celle de Flook est de 0.06 et celle de la méthode de Dilatation est de 0.03, la notre est de loin la meilleur.

Dans le cas des méthodes stéreologiques de Weibel (voir tableau 7.1) on a fait les comparaisons, sur cinq tumeurs , on remarque bien que dans le cas de la méthode stéreologique B_1 la dimension est surestimée par contre avec la méthode stéreologique B2 la dimension est sous estimée par contre la notre sa a donne une valeur intermédiaire.

De ce faite on a gagné dans la précision du calcul de la dimension fractale et aussi et surtout dans la marge de l'erreur ceci aide énormément les cancérologues pour un meilleur diagnostic.

Concernant les simulations qu'on a mis au point il se rapproche aux mieux des tumeurs cancéreuses réelles se qui a satisfait les cancérologues avec qui on a collabore au Laboratoire d'Analyse d'image en Pathologie Cellulaire à l'Hopital Saint –Louis sous la direction de Monsieur Damien SCHOEVAERT-BROSSAULT morphologiste et biomathématicien, et étant lui-même médecin de formation.

, lors de la mise au point de ces méthodes avec les chaines de Markov on a remarquer qu'il pouvez être appliquées a la simulations des cotes maritimes et d'autres a la composition d'agrégats voir (Figure I.5) page 18.

.

68

Le travail réalisé n'est qu'une étape dans l'étude de la texture des tumeurs cancéreuses. En effet beaucoup de perspectives donne suite a ce travail, par exemple la simulations des tumeurs dans l'espace qui n'est pas une mince affaire, et l'estimation de leurs dimension fractales.

BIBLIOGRAPHIE

1. Adam, J.A., Mathematiccal models of perivascular spheroid development and catastrophe-theoretic description of rapid metastatic growth/tumor remission. Invastion and Metastasis, 1996. 16: p. 247--267.

2. Alarcon, T, H.M. Byrne, , A cellular automaton model for tumour growth in homogeneous environment. Journal of Theoretical Biology, 2003. 225(2): p. 257-274.

3. Armin L. Oppelta, Winfried Kurthb, Helge Dzierzonb, Georg Jentschkec and Douglas L. Godbold ; Structure and fractal dimensions of root systems of four co-occurring fruit tree species from Botswana Ann. For. Sci. 57 (2000) 463–475

4. Araujo, R.P. and D.L.S. McElwain, A history of the study of solid tumor growth: the contribution of mathematical modelling. Bulletin of Mathematical Biology, 2004. 66(5): p. 1039--1091.

5. Bellomo, N. and L. Preziosi, Modelling and mathematical problems related to tumor evolution and its interaction with the immune system. Mathematical and Computer Modelling, 2000. 32(3-4): p. 413--452.

6. Blagosklonny, M.V., Antiangiogenic therapy and tumor progression. Cancer Cell, 2004. 5: p. 13--17.

7.Bruno, O.M, de Oliveira Plotze ,R. Falvo.M Castro, M. : Fractal dimension applied to plant identification Colloids and Surfaces A: Physicochemical and Engineering Aspects 323 (1-3), pp. 83-93 2008.

8. Byrne, H.M. and L. Preziosi, Modelling solid tumour growth using the theory of mixtures. Mathematical Medicine and Biology, 2003. 20: p. 341--366.

9. Byrne, H.M., The role of mathematics in solid tumour growth. MathematicsToday, 1999

10. Baak. J.P.A , J.Oort . Morphometry in diagnostic pathology Springer-Verlag. Berlin 1983

11. Cristini, V., J. Lowengrub, and Q. Nie, Nonlinear simulation of tumor growth. Journal of Mathematical Biology, 2003. 46(3): p. 191-224.

12. Clem C.J , J.PRigaut ,Boysen M : Toward 3-D modelingof epithelia by computer simulation. Anal .Cell .Pathol., 4, 287-302, (1992).

13. C.W. Misner, K. Thorne,J. Wheeler: Gravitation . W.H. Freeman and Company. 2006

14. Coster,M et J.L.Chermant, : Précis d'analyse d'mage Editions du CNRS, France 1985.

15.D.G Larman : New theory of dimension , ProcLondon Math.Soc.,17, 178-192, 1977

16. **Edgar, G** Measure, Topology and Fractal Geometry, Springer Verlag, New-York 1990.

17. **Flook A.G.**: Fractal dimension, their evaluation and signification in stereological measurements Acta Stereol 1.79 –87. 1982

18. **Gatenby, R.A** Applications of competition theory to growth: implication for tumour biology and. treatment Eur .J .Cancer 32A 722-726 1996.

19. **Gatenby, R.A.** and P.K. **Maini**, Mathematical oncology: Cancer summed up. Nature, 2003. 421: p. 321.

20. **Hurewiez.W, and H.Wallman** : Dimension theory . Princeton University Press, New Jersey, 1941.

21. **Hall. P, A.Wood.**, On the performance of box-counting estimators of fractal dimension, Biometrika 80 (1993) 246-252

22. **Kahan J.P., R.Salem** .; Ensembles parfait et séries trigonométriques Paris Herman 1963.

23. **Komarova, N.L., A. Sengupta, and M.A. Nowak,** Mutation-selection networks of cancer initiation: tumor suppressor genes and chromosomal instability. Journal of Theoretical Biology, 2003. 223(4): p. 433-450.

24. **Jain, R.K.**, Delivery of molecular and cellular medicine to solid tumors. Advances in Drug Delivery Reviews, 2001. 46: p. 149--168.

25. **Loehle C :** The fractal dimension and ecology. Specul. Sci. Tech. 6: (1983)131-142.

26. **Mantzaris, N., S. Webb, and H.G. Othmer,** Mathematical modeling of tumor induced angiogenesis. Journal of Mathematical Biology, 2004. 95: p. 111—187.

27. **Morse D.R.,Lawton J.H., Dodson M.M., Williamson M.H**. Fractal dimension of vegetation and the distribution of arthropod body lengths. Nature , 314, 447-495 (1985).

28. **Michor, F., Y. Iwasa, and M.A. Nowak,** Dynamics of cancer progression. Nature Reviews Cancer, 2004. 4: p. 197-205.

29. **Mansury, Y, M.Kimura, J.Lobo and T.S. Deisboeck.** Emerging patterns in tumor systems: simulating the
dynamics of multicellular clusters with an agent-based spatial agglomeration model. Journal of Theoretical Biology, 2002. 219(3): p. 343-370.

30. **Mandelbrot.B** : The fractal geometry of nature. Freman , San Francisco

31. **Nuel .G ,Prun B :** Analyse statistique des séquences biologiques : modélisation markovienne alignements et motifs . Collection Bioinformatique ,Edition Lavoisier ,06-2007

32. **Please, C.P., G.J. Pettet, and D.L.S. McElwain,** A new apporach to modelling
the formation of necrotic regions in tumours. Applied Mathematics Letters,
1998. 11: p. 89--94.

33. **Rogers C.A** : Hausdorff measurs . Combridge University Press, Cambridge, 1970.

34. Rigaut.J.P: Fractals in biological image analysis and vision. Biologia, Fisica e Matematica Edizioni Cerfim , Locarno, pp. 111-145 .1989

35. Rigaut .J.P: Analyse d'image reconnaissance de forme, ou de structure ? Quelques idées pour une réflexion théorique . Biologie Théorique-Solignac 1986, Kretzschmar A. (Ed) , pp. 141-160.Eds.CNRS, Paris.

36. Rigaut J.P: Fractals Dimension non entieres et application edité par G.Cherbit, année 1987, Masson ,Paris.

37. Schwartz.H , Exener H.E.: The implementation of the concept Fractal dimension on a semi-automatic image analyser . Powder Technology, 27.(207-213) 1980

38. Smolle. J, Stettner. H: Computer simulation of tumour cell invasion by stochastic growth model . J.Theor.Biol 160,63-72 (1993).

39. Schenring. I. 1991. The fractal nature of vegetation and the species-area relation. Theor. Popul. Biol.39: 170-177

40. SERRA. J : Image analysis and mathematical morphology . Acad.Press London, Vol 2,1988 Vol 2 :theoretical advances, A Manual.

41. Sole R.V ,. and T.S. Deisboeck, An error catastrophe in cancer? Journal of Theoretical Biology, 2004. 228(1): p. 47--54.

42. Tavernier E.L., Simard P, Bulo M., Boichu D:La methode de Higuchi pour la dimension fractale . Signal processing, Volume 65, Number 1, 27 February 1998 , pp. 115-128,.

43. Tirinopoulou.,J P Rigaut, and M.C Benson : Toward objective pronostic gradind of prostatic carcinoma using image analysis . Anal Quant. Cytol. Hist.,15,341-344, 1993

44. Weibel E.R: Stereological methods. Academic Press London, 1980 .

45. Ward, J.P. and J.R. King:Mathematical modelling of drug transport in tumour multicell spheroids and monolayer cultures. Mathematical Biosciences, 2003. 181: p. 177--207.

46. Wein, L.M., J.T.Wn, A.G.Ianculesn, and R.K.Puri.:A mathematical model of the impact of infused targeted cytotoxic agents on brain tumours: implications for detection, design and delivery. Cell Proliferation, 2002. 35: p. 343--361.

47. Zeide B., Pfeifer P:A method for estimation of fractal dimension of tree crowns, 37 (1991) 1253-1265.

48. Zerroug .A ,D. Schoëvaërt-Brossault, Rebiai S : New Methods for Estimating the Dimension Fractal Introducing the Artificial Intelligence ; Acta Appl Math .2008 DOI 10.1007/s10440-008-9358-4 Springer Science.

More
Books!

Oui, je veux morebooks!

i want morebooks!

Buy your books fast and straightforward online - at one of world's fastest growing online book stores! Environmentally sound due to Print-on-Demand technologies.

Buy your books online at

www.get-morebooks.com

Achetez vos livres en ligne, vite et bien, sur l'une des librairies en ligne les plus performantes au monde!
En protégeant nos ressources et notre environnement grâce à l'impression à la demande.

La librairie en ligne pour acheter plus vite

www.morebooks.fr

VDM Verlagsservicegesellschaft mbH
Heinrich-Böcking-Str. 6-8   Telefon: +49 681 3720 174   info@vdm-vsg.de
D - 66121 Saarbrücken   Telefax: +49 681 3720 1749   www.vdm-vsg.de

VDM Verlagsservice-
gesellschaft mbH